JEUX D'ESPRIT
ET
ÉNIGMES MATHÉMATIQUES

Les aventures extraordinaires du Dr Ecco

DENNIS SHASHA

Traduit de l'anglais (États-Unis)
par Michèle Garène

EDITIONS
ODILE JACOB

A Claude Shannon, Michael Rabin
et Tek Young Lin

Mise en page et pré-presse : NORD COMPO

15, rue Soufflot
75005 Paris

PRÉFACE

Le Dr Jacob Ecco est un détective mathématique qui résout des énigmes. Dans ce livre, il aide ses clients à découvrir des trésors, à déjouer les pièges tendus par des kidnappeurs et à identifier des espions grâce à des déductions perspicaces. Vous aussi, lecteur, pouvez résoudre les énigmes de ses clients. Le Dr Ecco est assisté du professeur Scarlet qui pose des questions et garde la trace écrite de leurs aventures. Les remarques et les questions de Scarlet vous aideront à trouver vos propres solutions.

Les énigmes s'inspirent des méthodes et du mode de réflexion des informaticiens et des mathématiciens. Elles n'exigent pas de connaissances particulières. En revanche, les résoudre vous permettra de mieux comprendre certaines notions qui sont essentielles dans le domaine de l'informatique et des mathématiques.

Vous avez intérêt à aimer les défis. Certaines énigmes ont fait sécher des physiciens, un psychiatre et plusieurs collègues informaticiens. En revanche, une artiste de ma connaissance (ma femme Karen) a résolu la plupart d'entre elles. Il ne faut pas de formation particulière pour trouver les solutions, seulement un esprit clair et de l'imagination.

La table des matières classe les énigmes de A à D selon leur niveau de difficulté. Plus elles sont compliquées, plus il vous faudra faire preuve d'ingéniosité. Tout au long des aventures et épisodes rapportés ici, on vous demandera de réfléchir et de proposer des solutions. Les questions qui vous concernent directement sont indiquées par une loupe. Amusez-vous bien.

Introduction

Aujourd'hui, tout le monde a entendu parler de Jacob Ecco, notamment depuis que le *presidente* Carballero lui a accordé les plus hautes distinctions de son pays. Mais qui aurait pu deviner que ce jeune homme de trente ans à peine connaîtrait la célébrité en résolvant des énigmes ?

Tous ceux qui ont connu Ecco petit pensaient qu'il deviendrait un mathématicien de premier plan. Il était difficile de ne pas y songer. Ecco a obtenu son doctorat à Harvard à l'âge de dix-neuf ans avec une thèse intitulée *Théorie combinatoire des catastrophes.* Réunion extraordinaire de deux domaines jusque-là distincts, cette thèse a depuis inspiré de nombreuses recherches. Mais Ecco a refusé tous les postes qu'on lui proposait. Il a renoncé à la vie universitaire pour s'installer dans MacDougal Street à Greenwich Village, New York. Il a ouvert un cabinet d'*omniheuriste,* néologisme de son invention désignant une personne qui résout tous les problèmes. Au cours des dix années suivantes, il est devenu un omniheuriste de notoriété mondiale en résolvant les énigmes de clients venus du monde entier.

Tout le monde sait cela. Le plus étonnant, c'est que peu de gens en sachent plus long. Comment Ecco a-t-il commencé ? Quelles énigmes a-t-il résolues en dehors des plus célèbres ? Quel est leur degré de difficulté ? A quoi ressemble vraiment Ecco ? En vérité, je ne connais pas toutes les réponses à ces questions, mais je crois bien en savoir plus long que quiconque, à l'exception d'Ecco lui-même, bien sûr.

En effet, Ecco et moi sommes amis et jouons aux échecs ensemble depuis plus de six ans. J'ai conservé des traces de nos conversations et des énigmes qui lui ont été soumises. Il a accepté de me laisser publier mes notes à condition que je présente les données des énigmes comme lui-même en a pris connaissance.

« Mon histoire ne peut intéresser que des penseurs, m'a-t-il expliqué, et les penseurs voudront résoudre eux-mêmes les énigmes. »

Pour moi, l'histoire d'Ecco a commencé quand il était encore un enfant (comme moi). J'étais en train de dévorer du regard des biscuits à la cannelle dans une boulangerie quand une femme entra avec son fils. Ils avaient tous les deux une tignasse rousse. Le garçon avait des yeux immenses, écarquillés, ce qui lui donnait l'air d'avoir peur ou d'être en colère. Ils étaient plongés dans une discussion passionnée sur la musique. Le garçon prétendait qu'avec des quartes augmentées, les chorals seraient beaucoup plus intéressants. Ce à quoi la mère répondait que l'Église interdisait dans les chorals l'usage des quartes augmentées qu'Elle appelait l'« intervalle du diable ». Le garçon fourra ses mains dans ses poches et rentra la tête dans les épaules. « Des règles, toujours des règles, des règles arbitraires ! », grogna-t-il.

Le boulanger, qui semblait connaître la femme et son fils, sourit en les voyant. Le garçon tomba soudain en arrêt devant un gros gâteau qui était recouvert d'un glaçage à la vanille et se trouvait sur le long comptoir.

La mère demanda du pain, mais le garçon avait toujours les yeux fixés sur le gâteau. Remarquant son regard, le boulanger lui fit une proposition extraordinaire.

« Je vous offre le pain si vous pouvez résoudre le petit problème suivant. Dites-moi comment je peux couper ce gâteau en seize parts égales en ne le taillant droit que quatre fois. » *(Essayez.)*

Je me mis à réfléchir. J'avais entendu parler d'une solution à un problème similaire avec trois coupes donnant huit parts. Mais seize parts, cela me paraissait difficile.

Le garçon répondit presque immédiatement : « Combien de solutions voulez-vous ?

— Une seule suffira, mais rappelez-vous que tout le monde doit avoir du glaçage.

— Oui, bien sûr, dit le garçon. Vous avez raison, il n'y a qu'une solution en fait. Il faut couper le gâteau en quatre parts à angle droit, puis aligner les quatre parts et couper au milieu, ce qui donne huit parts. On les aligne à nouveau et on recoupe, ce qui donne seize parts.

— Exact, Jake. Tu as aussi gagné le gâteau. »

La mère insista pour payer, mais le boulanger ne voulut rien entendre : « C'est toujours un plaisir de voir le jeune Jacob Ecco, surtout maintenant qu'il s'apprête à entrer à l'université. »

Le garçon et sa mère le remercièrent et s'en allèrent (avec le gâteau). Ils discutaient encore de musique, mais sur un ton beaucoup plus paisible.

L'université ? me dis-je. Ce gamin ne peut pas avoir plus de douze ans, à moins d'être un nain. Mais il devait bien s'agir de l'université. En effet, Jacob Ecco entra à Harvard pour étudier les mathématiques à l'âge de treize ans.

L'incident me hanta pendant toute ma scolarité. Ce qui s'était passé était tellement bizarre et déroutant. Qui était ce gosse ? Où était-il ? Je m'attendais à le voir un jour participer à un tournoi d'échecs, mais ce ne fut jamais le cas.

J'entrai moi-même à l'université où j'étudiai la philosophie, la linguistique et enfin la théorie de l'information à Yale. Je n'étais pas mécontent de mes résultats, mais je ne sais trop ce que j'aurais pensé si j'avais su que le jeune « Jake » avait déjà obtenu son doctorat en mathématiques à l'époque où j'entrais à peine en premier cycle.

J'étais en première année quand notre relation à sens unique reprit. L'un de mes professeurs, un grand théoricien hongrois, cita un jour un résultat incroyablement judicieux en combinatoire qu'il attribua à un certain Jacob Ecco. Il ne pouvait s'agir du même, pensai-je. Mais j'avais tort. Ecco avait soutenu sa thèse quatre ans auparavant. Devenue un classique, elle servait de base à des travaux très utiles en informatique et en mathématiques, bien que dans des parties ésotériques de ces domaines.

Qu'était-il donc arrivé à Ecco ? Je me plongeai dans la lecture de revues, pensant que cette personne était peut-être le fameux « Jake ». Mais je ne vis rien de lui. Quand j'interrogeai mon professeur hongrois, il hocha la tête et baissa les yeux : « Il a disparu, il s'est littéralement évanoui dans la nature. »

Je devais revoir Ecco en chair et en os quatre ans plus tard. C'était à un séminaire sur la topologie algébrique à l'Institut des sciences mathématiques de New York. L'orateur venait de présenter une conjecture compliquée, nous assurant qu'elle était vraie, même s'il devait encore travailler les détails. A l'époque, j'étais moi-même professeur, mais je ne voyais pas du tout à quoi ressemblerait la démonstration. Un homme en jeans s'approcha de la tribune et tendit une feuille à l'orateur. « Votre conjecture est fausse », dit-il avant de sortir de la salle.

Il y eut un brouhaha à la tribune. L'orateur vira au rouge brique à la lecture du feuillet. Elle contenait un contre-exemple de la conjecture qui tenait en deux lignes.

Quelques semaines plus tard, je revis l'orateur. Il m'expliqua que l'homme qui lui avait tendu la feuille n'était autre que Jacob Ecco. Ce dernier lui avait envoyé une lettre d'excuses pour son attitude, dans laquelle il suggérait un théorème plus faible avec une preuve simple. Le théorème était exactement la pièce qui manquait à l'orateur pour ses autres résultats.

Je confiai à l'orateur qu'Ecco ressemblait à un garçon que j'avais rencontré jadis dans une boulangerie de Chelsea. Ses boucles rousses sur une tête énorme, son long nez droit, ses grands yeux fiévreux et sa silhouette mince me paraissaient une version adulte du garçon en question. « Ce ne serait pas étonnant, dit mon collègue. Il a toujours vécu dans ce quartier — sauf quand il était à Harvard. Si vous allez le voir, parlez-lui d'échecs, ce sera une bonne entrée en matière. »

Je me rendis dans l'appartement de MacDougal Street le jour même. Ecco m'accueillit avec un certain agacement, mais se mit à sourire et à plaisanter dès que nous abordâmes le sujet des échecs. Quand je lui parlai de la boulangerie, il me confirma qu'il s'y rendait souvent dans son enfance. Le boulanger lui donnait souvent des énigmes à résoudre. Il se rappelait le gâteau aux carottes.

« Je l'ai mangé tellement vite que cela m'a rendu malade, dit-il avec un sourire qui se figea sur ses lèvres. Pauvre maman, continua-t-il plus pour lui-même que pour moi, son fils unique décroche sa thèse et elle meurt brutalement dans les jours qui suivent d'une crise cardiaque. Je m'apprêtais à entrer aux laboratoires Bell, mais je n'ai pas pu. Je suis parti pour l'Italie, où j'ai loué un appartement donnant sur des vignes à San Gimigniano. J'étais réveillé par le chant du coq tous les matins et je voyais le soleil se lever de ma fenêtre.

« Finalement, j'ai décidé de m'installer ici, près des joueurs d'échecs, de votre Institut de mathématiques et des boîtes de jazz. J'ai aussi pris la décision d'étudier le dernier territoire terrestre inexploré, le cerveau. »

Son appartement était encombré de textes et de revues de neurobiologie, d'annuaires, de documents officiels et de livres de mathématiques. Il y avait aussi une étagère pleine d'ouvrages sur l'anthropologie, la psychologie cognitive et la philosophie.

Je lui demandai quel métier il exerçait.

« Je résous des énigmes. Ma clientèle se compose de gouvernements, d'artistes, de journalistes et de gens ordinaires.

— Existe-t-il un lien entre vos résolutions d'énigmes et votre travail sur le cerveau ?

— Sans aucun doute. Mon travail consiste en partie à étudier les comptes rendus d'expériences et à théoriser sur le cerveau. Mais je théorise en partie en m'observant en train de résoudre des énigmes. Quel est le cheminement de la pensée ? Comment mène-t-on une réflexion ? Quels problèmes sont faciles à résoudre et lesquels sont difficiles ? J'ai de bonnes raisons de penser que la résolution des énigmes joue un grand rôle dans nos processus de réflexion, sans qu'elles aient nécessairement le niveau de complexité qui m'intéresse. »

Je cherchai des articles d'Ecco dans les revues de neurologie, sans jamais y voir son nom. Je rencontrai un jour un neurologue qui me dit qu'il n'avait pas entendu parler d'Ecco mais que je devrais lire l'article d'un dénommé John Eliot ; lequel venait de publier une théorie mathématique de la mémoire expliquant une classe d'expériences, dont certaines conclusions étranges à propos de l'oubli.

Ayant lu la thèse d'Ecco, je reconnus immédiatement son style : un début désarmant, suivi par une théorie mathématique provocante, solidement étayée sur le plan expérimental. Il fallait bien s'appeler Ecco pour écrire sous un pseudonyme. Je n'ai jamais vu quelqu'un d'aussi allergique à toute publicité.

Ecco sourit quand je l'interrogeai sur l'article. « J'espère que vous l'avez aimé. » Je ne l'ai jamais vu rédiger un seul article et rarement vu lire. Il avait l'air de passer son temps à griffonner au feutre sur des bouts de papier, tout en grignotant des biscuits, ou à contempler le plafond, allongé sur son lit.

Après avoir parlé d'échecs, nous nous mîmes à disputer régulièrement des parties. Souvent des clients venaient lui exposer leurs problèmes, et Ecco les résolvait parfois sur-le-champ. Mais le plus souvent nous bavardions et jouions aux échecs. Ecco était très discret, même s'il lui arrivait parfois de se livrer un peu. J'en profitais toujours pour lui poser des questions personnelles. Je commençai par lui demander pourquoi il ne prenait pas un poste de chercheur tout en continuant à résoudre des énigmes.

« Réfléchissez un peu. Avant le xxe siècle, il n'existait pas de structure d'aide aux chercheurs, aux écrivains ou aux artistes. Il y a eu des mécènes, mais ils n'ont jamais soutenu quiconque de façon durable. Jean-Sébastien Bach, par exemple, a connu toute sa vie des problèmes financiers, et sa femme a fini à la fosse commune.

« Pourtant, chaque génération semble engendrer à peu près la même quantité de génies. A l'heure actuelle, les savants sont soutenus, mais les grandes théories sont aussi rares que d'habitude. Elles sont souvent noyées sous le flot de prétendues théories et d'hypothèses creuses. Voilà ce que j'ai compris quand j'étais en train de communier avec les coqs de San Gimigniano. L'université a failli me faire confondre bruit et réflexion. Peut-être y reviendrai-je, mais je veux d'abord résoudre quelques vrais problèmes. »

CHAPITRE

1

EXCENTRIQUES

1

LA MINORITÉ L'EMPORTE

Il faut voter tôt et souvent.
(Anonyme.)

C'était par un de ces dimanches clairs et glacials de février où, même à New York, personne ne s'aventure dehors. Ecco me fit entrer et m'invita à me servir une tasse de thé.

« Vous avez vu la presse à propos du scandale du vote au Congrès patagonien ?

— Je l'ai parcourue. Cette assemblée de savants, de fonctionnaires et de dirigeants d'entreprise du monde entier qui conseille les Nations unies ne me passionne guère.

— Mais enfin, cher professeur, répondit Ecco, c'était pourtant un remarquable exemple de l'illogisme de la presse : elle a parlé de scandale alors qu'il n'y en avait pas.

— Comment le savez-vous ? m'exclamai-je, surpris qu'Ecco ait des contacts dans le monde politique.

— Simple déduction. Regardez ce que dit le *New York Times*. Il y avait trois candidats en lice pour la présidence du Congrès : Guarez, Swenson et Libretti. Avant l'élection, Guarez et Swenson, son ennemi juré, étaient assurés du soutien d'au moins 40 % des membres du Congrès. Il n'en restait donc plus que 20 % derrière Libretti, vraisemblablement parce qu'il avait la réputation d'être un peu naïf et de manquer d'envergure politique. Cela n'a pas empêché Libretti de remporter l'élection. Les observateurs extérieurs parlent de manipulation, mais les membres du Congrès se refusent à tout commentaire.

Là-dessus, d'autres journaux ont repris l'information en laissant entendre qu'il y avait bien eu trucage. Mais d'après les statuts du Congrès patagonien que j'ai ici, je pense pour ma part que l'élection s'est déroulée selon les règles. Selon les statuts, les élections pour la présidence ont lieu en plusieurs tours, chacun opposant deux candidats. Le premier tour pouvait donc opposer Guarez et Swenson, et le second, le vainqueur final du premier et Libretti. Ou encore, le premier tour pouvait opposer Swenson et Libretti, et le second, le vainqueur du premier et Guarez. Ou enfin, Libretti et Guarez pouvaient s'opposer au premier tour. Quoi qu'il en soit, il ne peut y avoir que deux tours opposant chacun deux candidats. »

Avant d'aller plus loin, avez-vous une idée de la manière dont Libretti aurait pu emporter la présidence sans tricher ?

« Les statuts changent tout, poursuivit Ecco. Du fait de l'hostilité entre Guarez et Swenson, quel que soit l'ordre dans lequel on procède, Libretti gagne. Les partisans de Swenson le préfèrent à Guarez, et ceux de Guarez, à Swenson. »

Quelques jours plus tard, le courrier des lecteurs du *New York Times* publiait une lettre signée K. Arrow qui reprenait le même raisonnement. Je reconnus le style d'Ecco, mais ce dernier se contenta de me dire : « Pas du tout, le mérite en revient entièrement à Arrow.

— Votre démenti sent l'aveu.

— Peut-être, dit Ecco en souriant. Vous vous rappelez la commotion que Kenneth Arrow a provoquée dans le monde des sciences humaines avec son fameux théorème des possibilités ? Ce théorème démontre, entre autres choses, que les préférences de la majorité peuvent être subverties par des élections opposant plus de deux candidats.

Arrow a démontré, par exemple, que, selon certains modes d'élections, un candidat capable de battre n'importe qui dans une élection n'opposant que deux personnes — on l'appelle parfois le candidat Condorcet — peut encore perdre. Supposons qu'il y ait trois candidats A, B et C ; A est très à droite, C très à gauche, et B au milieu. Si on utilise un scrutin majoritaire, les deux candidats qui ont obtenu le plus de voix au premier tour se retrouvent au second. Si l'électorat est très polarisé, comme c'était le cas au Congrès patagonien, B sera éliminé au premier tour. Toutefois, il battrait A ou C dans une élection opposant seulement deux candidats.

Le protocole des élections au Congrès patagonien prévoit que le candidat Condorcet, si tant est qu'il y en ait un, gagne quoi qu'il arrive. A condition toutefois que les votants soient fidèles à leurs convictions à chaque tour. La presse est partie du principe que les statuts prévoyaient des élections opposant plusieurs candidats. C'est pour cette raison qu'à ses yeux, Libretti était battu d'avance. »

On frappa alors à la porte.

Antonio Libretti, le nouveau président du Congrès patagonien, ne ressemblait pas du tout à un homme dénué d'envergure politique. Au contraire, il paraissait avoir des objectifs bien définis et solidement étayés.

« Ainsi, messieurs, conclut-il quelques minutes plus tard, l'enjeu est l'avenir de l'Amazone, voire de notre planète. La proposition de loi que je défends et souhaite voir le Congrès adopter signerait l'arrêt de tout aménagement supplémentaire, alors que les propositions concurrentes provoqueraient une destruction de la jungle impossible à juguler. »

Ecco acquiesça sans enthousiasme.

« Monsieur Libretti, vos objectifs sont très louables et je les soutiens entièrement, mais vous avez dit que votre problème requérait mes services. Je n'appartiens pas à un groupe de pression.

— Je le sais, docteur Ecco. Je ne suis pas venu vous demander de faire pression mais de résoudre un problème logique. Commençons par représenter toutes les propositions concernant l'Amazone par des lettres : A, B, C et D. La mienne est la C. Parmi les autres, je préfère A à D et D à B.

« Le Congrès patagonien compte 100 membres, dont 17 partagent exactement mes vues. 32 membres préfèrent A à B, B à D et D à C ; 34, D à B, B à C et C à A. 17 autres préfèrent B à A, A à C et C à D.

— Si vous me permettez de résumer, monsieur Libretti, dit Ecco, les préférences sont les suivantes :

(C, A, D, B) : 17 partisans
(A, B, D, C) : 32 partisans
(D, B, C, A) : 34 partisans
(B, A, C, D) : 17 partisans

« Le premier groupe représente vos 17 partisans et vous-même qui préférez C à A, A à D et D à B, et ainsi de suite pour les autres groupes.

— Exactement, dit Libretti. Mais, comme vous pouvez le voir, ma position ne remporte guère de suffrages auprès de la plupart des membres du Congrès. En outre, je n'ai pas le droit de prendre part au vote. Mais je dispose d'un privilège que j'espère bien utiliser à mon avantage.

« Notre système stipule que l'on doit procéder au vote en plusieurs tours opposant deux propositions. Par exemple, le premier tour pourrait opposer A à B. Le deuxième, le vainqueur à C ou C à D, etc. Bien sûr, seul le vainqueur d'un tour a le droit de participer aux tours suivants — le vainqueur final est celui qui reste quand tous les autres ont été éliminés. Toutefois, le mode de scrutin peut avoir une influence sur le résultat, comme vous l'avez déjà observé dans votre analyse de mon élection. »

Ecco sursauta. Comment Libretti pouvait-il savoir qu'il était l'auteur de l'analyse de son élection ?

« En tant que président, continua Libretti, ma prérogative est de choisir les candidats des différents tours.

— Et vous pensez que votre proposition va gagner de cette manière ? demandai-je. Si vous représentiez B, je comprendrais que vous ayez un espoir. Mais C ? Dans une élection opposant B et C, B remporterait 83 voix. C n'a certainement rien d'un candidat Condorcet.

— Si le Dr Ecco et vous-même y réfléchissez, me dit Libretti en fronçant les sourcils, je suis sûr que vous trouverez un moyen d'expliquer cela. »

(1) En supposant que chacun vote chaque fois selon ses préférences, existe-t-il une succession de tours opposant chacun deux candidats qui permettrait à C de sortir vainqueur ? Si tel est le cas, quelle est-elle ? (Solution page 145.)

« Voici votre réponse, monsieur Libretti, dit Ecco. Vous pouvez faire adopter la proposition qui sauvera l'Amazone. C'est possible parce qu'il n'y a pas de candidat Condorcet, si bien que l'ordre peut tout changer.

— Parfait, dit Libretti. Un dernier point : la tradition dans ce type d'élections veut que le président désigne les deux candidats au premier tour, mais que l'opposition choisisse ceux du deuxième tour. Dans ce cas précis, l'opposition rassemble ceux dont le premier choix est B ou D. La question est la suivante : si je choisis les candidats du premier tour, et l'opposition, ceux du deuxième, puis-je être sûr que l'une de mes deux propositions, C ou A, l'emportera ? »

(2) Pouvez-vous garantir que C ou A gagnera si vous choisissez le premier couple de propositions et que l'opposition choisit le deuxième ? Rappelez-vous que les tours suivants ne peuvent opposer que les vainqueurs des précédents. Si oui, dites quelles propositions devraient se présenter au premier tour. Vous devez démontrer que C ou A sera vainqueur, quel que soit le couple choisi pour le deuxième tour. Sinon, pourquoi ? (Solution p. 145.)

« La tradition a vraiment du bon », s'exclama Libretti après avoir entendu la réponse d'Ecco. L'air radieux, il nous serra la main et prit congé.

« Alors, professeur, dit Ecco après le départ de notre visiteur, la fin justifie-t-elle les moyens ? Nous avons fait gagner Libretti et sa minuscule minorité, pervertissant ainsi ce qui devrait être un processus démocratique. Mais peut-être la règle bizarre des élections opposant deux candidats est-elle la cause de tout cela. »

(3) Montrez que A, B, C ou D peut gagner selon un ordre prédéterminé. (Solution p. 145.)

« On sous-estime certainement Libretti en le traitant de naïf, dis-je. Il est prêt à tirer toutes les ficelles pour obtenir ce qu'il veut, aussi louables ses intentions soient-elles.

— Ou peut-être emploie-t-on le mot naïf dans un sens plus profond. Pensez aux répercussions quand on se rendra compte que Libretti a encore su exploiter le système de scrutin à son avantage. Il risque bien de perdre le peu de partisans qu'il a. » Ecco s'interrompit, le menton sur la main, les yeux fixés par terre. « D'un autre côté, les gens peuvent également se dire qu'il représente une force écrasante et prendre le train en marche. » Ecco sourit et soupira. « Si seulement la politique était aussi facile à comprendre que les mathématiques. »

2

LA TOUR DE LEGO

Ecco avait déjà une solide clientèle quand je l'ai revu. Mais une question ne cessait de me hanter : comment avait-il créé son cabinet d'omniheuriste, profession tellement nouvelle qu'il avait dû en inventer le nom ? Comment parvenait-il à convaincre quelqu'un de faire appel à ses services ? Tout cela me paraissait fort mystérieux. Mais pour Ecco, se constituer une clientèle n'avait jamais été qu'une énigme de plus à résoudre.

« Toute personne exerçant une profession indépendante finit par trouver des clients grâce à ses références ou à la célébrité, m'expliqua Ecco le jour où je trouvai le courage de lui poser la question. Premièrement, il faut que les clients potentiels soient disposés à se lancer dans l'inconnu et, deuxièmement, il faut qu'ils n'aient pas le choix. La première condition exclut les ronds-de-cuir timorés du gouvernement et du monde des affaires. La seconde implique que les clients potentiels n'aient en fait besoin que d'un soupçon d'encouragement pour faire appel à moi. Les gens désespérés sont prêts à se raccrocher à n'importe quel espoir, aussi bizarroïde soit-il. Pensez à la vogue que connaissent les charlatans religieux.

« J'ai donc passé une petite annonce dans plusieurs périodiques soigneusement choisis, des journaux internationaux et des revues d'anciens élèves de certaines universités. Je ne l'ai guère fait plus de deux douzaines de fois dans ma carrière. Le bouche-à-oreille a fait le reste. »

Ecco me montra le texte de l'annonce :

> Je résous tous les problèmes de nature mathématique que pose la vie réelle.
>
> XYZ, MacDougal Street, New York.

« Elle me paraît un peu courte. Mais elle a porté ses fruits, dites-vous ?

— Superbement. Mais cela ne s'est pas fait tout seul. Une des revues a rechigné à publier une annonce aussi « énigmatique ». La rédaction a exigé une copie de mon doctorat avant d'accepter de publier quoi que ce soit suggérant un savoir-faire mathématique. (J'avais fini mes études à ce moment-là.) Un autre magazine a omis le terme « mathématique », si bien que j'ai commencé à recevoir des demandes de gens tentant de surmonter des crises existentielles. Je leur ai recommandé un séjour à San Gimigniano. »

L'un des premiers clients d'Ecco avait été un excentrique, le célèbre milliardaire Hank Alfred. Ecco m'a raconté l'histoire avec un certain amusement.

« A l'époque, je vivais encore dans une résidence universitaire. Un dimanche après-midi, j'étais sur la piste d'une preuve combinatoire quand des coups frappés à ma porte, avec une canne apparemment, me tirèrent de mes réflexions. Mon visiteur, un homme assez âgé, entra d'un pas décidé, tenant comme un sceptre la canne qu'il avait à la main.

"Jacob Ecco, je m'appelle Hank Alfred, me dit-il en me serrant vigoureusement la main. J'ai bien l'intention de laisser une trace dans l'histoire. Je veux construire une tour d'un kilomètre de haut. J'aimerais la construire vite, en un an si possible. Peu m'importe que quelqu'un y habite un jour, l'important pour moi est de la construire. J'ai le terrain (une plaine désertique), la technologie et l'argent. Il me manque seulement la méthode. Aidez-moi, Ecco, et vous serez un homme riche."

« M. Alfred m'a immédiatement plu et son problème ne manquait pas de piquant. Ma seule inquiétude était de me retrouver dans le *Guiness des records*. Mais M. Alfred m'a assuré l'anonymat.

"Je vous résume la situation, poursuivit-il. Nous avons des plaques préfabriquées qui s'emboîtent les unes dans les autres comme

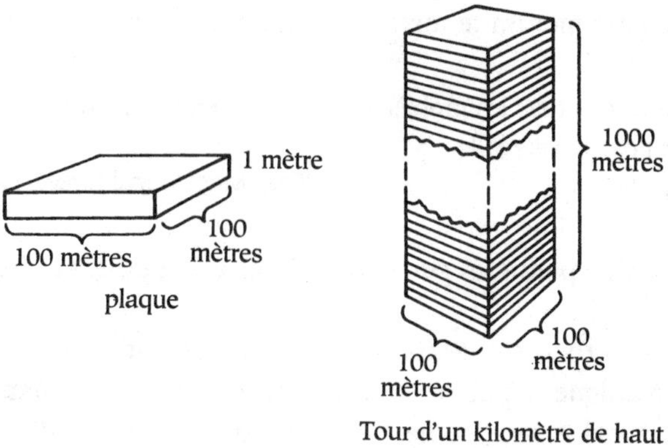

Figure 1 : En empilant 1 000 plaques, le millionnaire Hank Alfred se propose de construire une tour d'un kilomètre de haut.

les pièces de Lego de ma petite-fille. Chacune est un carré de 100 mètres de côté et de 1 mètre d'épaisseur. Ces plaques sont munies de coupleurs sur les deux faces qui leur permettent de s'accrocher les unes aux autres. D'après mes ingénieurs, il est possible de les empiler sur 1 kilomètre de haut si on le souhaite. Elles sont si légères qu'un élévateur conçu pour cela peut soulever une pile de 5 000 plaques pour la poser sur une autre. Je peux vous fournir autant d'élévateurs que vous voulez. Placer une plaque sur une autre prend une semaine. Placer une pile sur une autre prend également une semaine, mais si une des deux piles mesure plus de 100 mètres de haut, il faut compter une semaine supplémentaire pour la monter. Je ne reculerai devant aucune dépense. En combien de temps pouvons-nous faire cela au plus vite ?" »

(1) Sachant que les ressources sont illimitées, en commençant par les plaques non empilées, avec quelle rapidité une équipe peut-elle construire ce kilomètre vertical ? (Proposez un calendrier. Vous trouverez la solution** **p. 146.*)***

« Ma réponse l'a fait réfléchir un moment. "C'est très rapide ! s'exclama-t-il. Mais dites-moi, mettons que nous essayions de construire un immeuble de 10 kilomètres de haut, combien de temps cela prendrait-il ?" »

(2) Combien de temps faudrait-il pour obtenir ces 10 kilomètres verticaux, en recommençant à zéro ? ***(Solution p. 146.)***

« Je lui ai donné la réponse. Et il a tenu sa promesse. Il a bâti son immeuble avec toute la discrétion que l'on peut espérer d'un homme aussi connu. Mon nom n'a jamais été cité dans aucun de ses communiqués de presse. »

3

LE PROBLÈME DES PORTES IMPAIRES

Les preuves sont des parties d'échecs traduites en mots.
(*Les Carnets d'Ecco,* « Réflexions sur la pensée mathématique ».)

A l'époque de notre rencontre, Ecco avait une clientèle bien établie de gens souvent riches et excentriques. Parfois, eux-mêmes n'étaient pas excentriques, mais leurs ancêtres l'étaient indéniablement. Ce fut le cas de la personne qui vint le voir un matin de printemps.

« Docteur Ecco, permettez-moi de me présenter : Lawrence Terrence, troisième du nom, dit son jeune visiteur blond avec un accent digne des meilleures écoles privées. Je suis riche, mais je risque de me retrouver très vite pauvre si vous ne m'aidez pas. Et c'est un destin fort triste dans ma région du Kentucky.

« Mon père vient de mourir. Il a laissé son importante collection de bijoux dans un coffre situé à l'intérieur de l'un des deux labyrinthes souterrains qu'il a fait construire de son vivant. L'ennui, c'est qu'il ne m'a rien dit de l'emplacement de ces bijoux, sinon qu'ils se trouvent dans une pièce comportant un nombre impair de portes. Selon lui, je devrais être capable de deviner lequel de ces labyrinthes renferme les bijoux.

« Je n'en ai pas la moindre idée, c'est bien là mon problème. Comme les deux labyrinthes sont entièrement inondés d'une eau saumâtre et boueuse, envoyer une équipe dans un seul d'entre eux coûterait près d'un million de dollars. Je vous serais très reconnaissant de me dire dans quel labyrinthe chercher. »

Pendant un instant, Ecco eut l'air perplexe, puis il s'abîma dans la réflexion. Selon moi, le jeune homme ne lui avait pas donné suffisamment de renseignements. Puis Ecco releva la tête et dit : « Dites-m'en plus sur les labyrinthes. Que savez-vous de la façon dont les salles communiquent ?

— Les portes, toutes parfaitement ordinaires, relient deux salles. A dire vrai, je commence à penser que mon pauvre père était fou et que, bien qu'il ne m'ait jamais menti, il n'y a jamais eu de bijoux. Il était mathématicien amateur, passion que j'ai tenté d'acquérir, mais en vain. »

Ecco poursuivit son interrogatoire.

« Combien les labyrinthes ont-ils de portes d'entrée ?

— Le premier a deux portes d'entrée, et le second, trois. Père a toujours fait figure d'excentrique mais, comme je l'ai dit, il était mathématicien amateur.

— Qu'en pensez-vous, professeur ? Si le père de monsieur Terrence a dit la vérité, un seul de ces labyrinthes renferme une salle avec un nombre impair de portes. Supposons que nous puissions prouver que l'un des deux contient forcément une salle comportant un nombre impair de portes. C'est là que seraient les bijoux. Au début, j'étais perplexe parce que je pensais que seul un mathématicien était à même de comprendre que la réponse est en fait dénuée d'ambiguïté. Mais feu M. Terrence était justement un mathématicien amateur, il ne faut pas l'oublier. Voici dans quel labyrinthe vous devriez chercher », conclut-il en s'adressant au jeune homme.

Quel labyrinthe a forcément une salle avec un nombre impair de portes ? Pouvez-vous le démontrer ? *(Solution p. 146-147.)*

« Docteur Ecco, dit Terrence, qui avait eu du mal à suivre l'explication, j'espère que vous avez raison. Si tel est le cas, soyez assuré de ma reconnaissance éternelle. »

Ecco raccompagna son hôte à la porte en souriant.

« La gratitude est l'émotion la moins fiable qui soit », me lança-t-il avec un ricanement sarcastique après le départ de notre visiteur.

Mais Ecco avait eu tort d'être aussi cynique, du moins en l'occurrence. Peu après la parution dans la presse d'une photo du jeune Terrence posant à côté d'un grand coffre débordant de bijoux, il reçut un chèque généreux accompagné du mot suivant :

Cher Monsieur Ecco,

Jamais je n'aurais dû douter de vous. Acceptez ce modeste témoignage de ma gratitude. Sachez que ma maison vous est ouverte si jamais vous décidez de venir un jour assister aux courses dans le Kentucky.

L.T.

4

LE DILEMME DE L'ENTRAINEUR

Je me suis efforcé chaque fois que c'était possible de donner une idée de la vie et des réflexions d'Ecco. Sans qu'on puisse vraiment dire pourquoi, comprendre son mode de pensée — son cynisme et son idéalisme, sa résistance et ses jérémiades — est essentiel pour comprendre sa manière d'aborder les énigmes. Tout se résume à son étude des idées et de leur permanence.

Il m'a souvent répété qu'il fallait réduire les problèmes à leurs éléments les plus simples. « J'essaie toujours de résoudre l'exemple non trivial le plus simple d'un problème et de généraliser à partir de là. Souvent la généralisation est facile. Quand ce n'est pas le cas, cela veut probablement dire que je n'aborde pas le problème de la bonne manière. » C'est le principe qu'il a appliqué au problème de l'entraîneur de tennis McGraw.

Un soir de printemps, nous étions en train d'écouter les Suites pour violoncelle seul de Bach quand la sonnette retentit. Notre visiteur était un homme au teint hâlé, qui portait une veste sport sur un survêtement. Il paraissait très agité.

« Lequel d'entre vous est le docteur Ecco ? Je m'appelle Ed McGraw, je suis l'entraîneur de l'équipe olympique de tennis », ajouta-t-il après qu'Ecco nous eut présentés.

« Hier, mes meilleurs joueurs ont été blessés dans un accident d'avion. Ils seront vite sur pied, mais il faut que je leur trouve des remplaçants demain pour jouer contre l'équipe d'Angleterre. Je sais qui seront les huit membres de mon équipe de remplaçants, mais je dois les classer en une journée.

« Pour l'instant, je n'ai réussi à obtenir qu'un court. Je voudrais organiser des simples d'une heure chacun entre les joueurs afin de déterminer leur classement, du meilleur au huitième. Je pensais procéder à des éliminatoires classiques, mais il me faudrait une semaine au bas mot. Il faut que tout soit bouclé en 20 heures. Que dois-je faire, docteur Ecco ? Pouvez-vous me conseiller ? »

Ecco réfléchit un moment. Puis il demanda : « Pouvons-nous supposer, monsieur McGraw, que si le joueur X bat le joueur Y et que Y bat Z, X battrait Z s'ils jouaient l'un contre l'autre ?

— Ce n'est pas toujours vrai, mais vous pouvez le supposer si c'est nécessaire. Sachez aussi que les joueurs sont en excellente forme physique et qu'ils sont tous capables de disputer plusieurs matchs d'affilée.

— Parfait, monsieur McGraw, en ce cas, j'ai une bonne nouvelle pour vous. Vous pouvez classer vos huit joueurs en moins de 20 heures, à condition que chaque simple ne dure qu'une heure. Voici comment. »

(1) Essayez de trouver une solution quelle que soit l'issue d'un match donné. Celle qu'Ecco propose prend 17 heures. *(Solution p. 147-149.)*

« Vous voyez, monsieur McGraw, dit Ecco en terminant son explication, le secret est de décomposer le problème en éléments simples. N'importe qui peut résoudre votre problème pour deux joueurs. A partir de là, il n'est pas trop difficile de le résoudre pour quatre. Et avec deux groupes de quatre, huit n'a pas été trop difficile non plus. »

McGraw remercia Ecco et prit congé. Ecco et moi nous lançâmes dans une longue partie d'échecs qu'il ouvrit par le gambit du roi. Aux graves erreurs qu'il commit vers la fin de la partie, je compris qu'il était préoccupé.

Après m'avoir concédé la partie, il se mit à prendre des notes, le menton posé sur sa main gauche. « Vous savez, professeur, c'est bizarre, finit-il par me dire. La méthode que j'ai proposée à l'entraîneur ne va pas lui être d'une grande utilité s'il obtient davantage de courts. A l'inverse, la méthode que je suggérerais s'il disposait de davantage de courts ne conviendrait pas du tout s'il n'en avait qu'un. »

A peine avait-il terminé sa phrase que le téléphone sonnait. C'était McGraw : « Docteur Ecco, pardonnez-moi de vous appeler aussi tard, mais on vient de nous accorder quatre courts. L'ennui, c'est qu'avec votre méthode adaptée à plusieurs courts, il faut encore onze heures. Ne pourrions-nous pas mieux faire ? Il faut que je règle cette question au plus vite. »

Ecco avait l'air soulagé de recevoir ce coup de téléphone : « Monsieur McGraw, j'étais sûr que vous alliez appeler. Vous pouvez terminer le classement en six heures si vous disposez de quatre courts. Commencez par grouper les joueurs deux par deux et faites jouer chaque paire sur un court. Ensuite, je vous dirai sur quel court le gagnant et le perdant de chaque simple doit se rendre à l'heure suivante ou s'il doit se reposer. »

(2) Quelle solution permet de terminer le classement en six heures avec quatre courts ? Souvenez-vous que votre solution doit convenir quel que soit le gagnant au terme de chaque heure. (C'est difficile. Solution p. 149-151.)

« Cette solution n'est pas très différente de la première, fis-je remarquer à Ecco. Une fois de plus, vous classez deux joueurs, puis quatre, puis les huit.

— Le principe de la résolution du cas non trivial le plus simple s'applique encore, dit Ecco. Le plus troublant, c'est qu'il faille six heures. Avec ma solution, on a deux heures pendant lesquelles seuls deux courts sont utilisés. Je me demande s'il serait possible de classer les joueurs en cinq heures ? »

(3) Pensez-vous qu'il soit possible de classer les joueurs en cinq heures ? (Énigme sans solution.)

Un mois plus tard, Ecco recevait une plaque gravée d'une raquette de tennis et des anneaux olympiques. Après avoir examiné l'objet, il se tourna vers moi : « Dites-moi, professeur, pensez-vous qu'un jour, on verra mon visage sur une boîte de céréales, pour encourager les jeunes athlètes en herbe à manger des féculents en poudre ? »

5

FLUX MAXIMUM

Peut-être l'affaire du Congrès patagonien a-t-elle donné l'impression qu'Ecco est du genre à dévorer la presse. Rien ne pourrait être plus faux. Il s'intéresse davantage à l'évolution démographique en Chine qu'aux déclarations politiques. Il lui arrive souvent de se passer de quotidiens, se fiant aux hebdomadaires, aux magazines et aux revues savantes pour se tenir au courant des événements.

C'est pourquoi j'ai été fort surpris de le trouver un soir plongé dans l'examen des schémas du dernier tremblement de terre en Sibérie publiés par un quotidien. Son intérêt se révéla purement professionnel.

« Les champs pétroliers n'étaient pas loin de l'épicentre du séisme. Cela explique peut-être le message de Houston que j'ai trouvé sur mon répondeur. »

La sonnerie du téléphone ne me donna pas le temps de répondre. Je décrochai comme d'habitude. C'était un transporteur d'équipement de forage pétrolier. « Docteur Ecco, nos clients de Moscou nous réclament 20 tonnes d'équipement avant demain soir. L'équipement attend à Houston, mais malheureusement, il ne reste plus beaucoup de place aux transporteurs aériens.

« Voici les capacités maximum entre aujourd'hui et demain soir :

de Houston à Francfort : 3 tonnes
de Houston à Paris 11 : tonnes
de Houston à Rome : 3 tonnes
de Houston à Londres : 10 tonnes
de Rome à Moscou : 13 tonnes
de Londres à Varsovie : 8 tonnes
de Francfort à Varsovie : 4 tonnes
de Londres à Paris : 2 tonnes
de Paris à Francfort : 10 tonnes
de Paris à Moscou : 2 tonnes
de Francfort à Moscou : 8 tonnes
de Varsovie à Moscou : 7 tonnes

« Est-il possible de faire parvenir les 20 tonnes à Moscou avant demain soir et, si oui, comment ? » Le transporteur raccrocha après avoir supplié Ecco de lui répondre le plus tôt possible.

Ecco me regarda faire des calculs. Il attendait, les yeux fixés au plafond. Quelques minutes plus tard, je lui donnai ma conclusion.

« Tout à fait exact, professeur, dit-il en lisant mes suggestions pour chaque route. Je réfléchissais à la réponse à donner à la question suivante. »

Le téléphone sonna. J'essayai de deviner quelle pourrait bien être la prochaine question. « Eh bien, docteur Ecco ?, demanda le transporteur qui n'avait pas eu la patience d'attendre qu'on le rappelle.

— C'est possible, monsieur. Voici les quantités de fret pour chaque route, avec les compliments du professeur Scarlet », conclut-il en m'adressant un sourire.

(1) Quelles sont les quantités de fret ? *(Solution p. 151-152.)*

« Merci, docteur, dit le transporteur. En vérité, nous voudrions en expédier davantage. Quel est le maximum que nous puissions envoyer ? »

Ecco sourit :

« J'attendais cette question. C'est un joli chiffre rond, je vous assure.

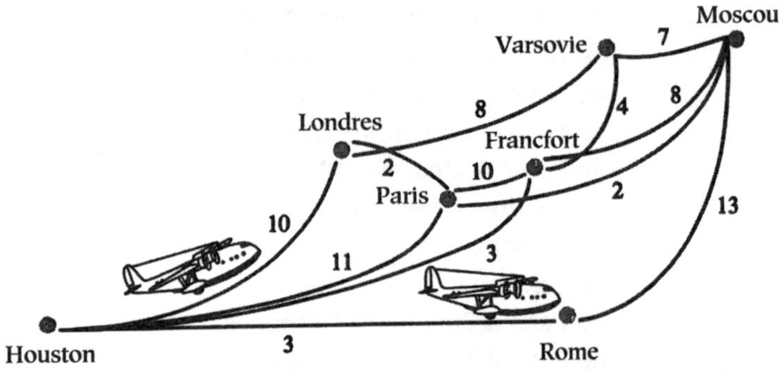

Figure 2 : Capacités en tonnes de fret des routes aériennes entre Houston et Moscou.

— Mais docteur Ecco, comment pouvez-vous en être aussi sûr ? »

(2) Quel est ce chiffre rond ? Quel raisonnement auriez-vous utilisé ? (Solution p. 152.)

« Je vois, dit le transporteur. Une dernière question... »

Je dois admettre que je n'étais pas mécontent qu'Ecco n'ait pas prévu celle-là.

« En supposant que nous puissions affréter 4 avions et envoyer 3 tonnes par avion, à quelles routes devrions-nous les ajouter afin d'augmenter d'un total de 12 le maximum de tonnes transportées ? »

(3) Sur quelles routes existantes devrait-on ajouter des avions ? (Solution p. 152.)

Ecco donna la réponse, et son interlocuteur le remercia. Quelques jours plus tard, on livrait à Ecco un paquet contenant une réplique en or d'un derrick. Un mot accompagnait l'envoi :

Cher Dr Ecco

Recevez ce derrick unique en son genre en gage de la reconnaissance d'un Texan pour votre aide.

« Des babioles pour les gens riches et célèbres », dit Ecco en rangeant le derrick dans une boîte à chaussures qu'il fourra au fond de son placard. « Mais on ne sait jamais, cela pourrait être utile un jour. »

6

CHEMINS CRITIQUES

Comme Ecco passe le plus clair de son temps à résoudre des énigmes crayon à la main, la plupart des gens sont persuadés qu'il n'a rien d'un sportif. Sans aller jusqu'à donner dans le *body building*, Ecco est un nageur infatigable ; il skie et surtout fait de la planche à voile.

« Il est difficile de se blesser sur une planche, me dit-il un matin. Quand on tombe, c'est généralement dans l'eau. Mais on risque la noyade si on n'est pas prudent.

« Un jour, à Salem, le vent s'est levé avec une force telle que je n'étais pas de taille à l'affronter. Le temps que je m'en rende compte, j'étais à plus de deux kilomètres de la terre ferme. Le vent s'était levé au moment même où mes muscles commençaient à s'ankyloser. J'ai réussi un rétablissement à grand-peine. J'ai enfilé mon harnais et j'ai senti une brusque accélération à l'instant où je virais en direction de la plage. Le vent a légèrement tourné, et une rafale s'est engouffrée dans ma voile, qui s'est couchée. Je me suis retrouvé dans la plus humiliante des positions — la voile couchée et moi à plat ventre dessus. Le vent semblait souffler encore plus fort quand je suis remonté sur la planche. C'était à croire qu'il jouait avec moi. Cette pensée me mit en rage. En fait, peut-être ne s'embêtait-il même pas à jouer avec moi. Peut-être n'étais-je même pas digne de son attention. C'était délicieusement effrayant. »

Mon expression dut trahir mon doute quant au plaisir que l'on pouvait tirer d'une telle expérience.

« Vous avez l'air sceptique, professeur. Mais, à ma façon perverse, je chéris ce souvenir. A New York rien n'est plus facile que d'oublier la nature. Nos abris sont plus forts que le vent. Une tempête en mer est une véritable claque pour notre orgueil démesuré d'humains. »

Comme l'orgueil me travaillait moins qu'Ecco, je n'avais guère envie de m'essayer à ce sport dans les gorges de la Columbia où il m'invitait à le suivre en compagnie d'Evangeline Goode, sa partenaire de planche. Ecco s'employa à me convaincre en m'expliquant qu'en règle générale, ce sport n'était pas vraiment dangereux, qu'il procurait un plaisir incomparable, et qu'en outre, dans une gorge, on faisait de la planche entre deux rives. Pas très rassuré, j'acceptai néanmoins l'invitation d'Ecco. Nous prîmes donc l'avion pour Portland, dans l'Oregon.

Philosophe d'une trentaine d'années, Evangeline étudiait la logique floue à Princeton. Sa démarche et son physique de danseuse lui donnaient plus l'allure d'une jeune femme bohème que d'une scientifique. Dans l'avion qui nous emmenait dans l'Oregon, nous discutâmes d'innombrables problèmes logiques concernant la falsification de conclusions par l'introduction de nouveaux axiomes. Toutefois, pendant le trajet en voiture jusqu'aux gorges, Ecco et Evangeline bavardèrent à bâtons rompus de forces du vent, de voiles et de coques.

J'appris à mieux connaître Evangeline. Elle était la fille d'un médecin missionnaire américain et d'une infirmière mandchoue. Sa famille avait quitté la Chine après la révolution pour s'installer dans le Montana. Elle avait passé son enfance à monter à cheval et à pêcher la truite, comme les autres enfants du cru. En revanche, sa réussite universitaire était époustouflante. Elle n'avait cessé de remporter des prix nationaux et internationaux. Stanford, Oxford et Princeton lui avaient accordé des bourses. Aucune de ces universités ne semblait s'inquiéter de la voir se concentrer sur une discipline apparemment obscure. Peut-être savaient-elles que ses travaux ne tarderaient pas à donner lieu à des articles originaux appliquant la logique floue à l'intelligence artificielle et à la mécanique quantique.

Le lendemain de notre arrivée, Ecco me réveilla aux aurores pour me donner une leçon de planche sur la terre ferme. Ensuite, Evangeline et lui me mirent sur une planche attachée par une longue corde à une bouée. Au bout d'une heure de chutes répétées, je rentrai au chalet, complètement épuisé. Un long somme me remit en forme, et j'étais tout prêt à reprendre l'entraînement quand le téléphone sonna.

« Le secrétaire de M. Henderson à l'appareil. Docteur Ecco ?

— Je crains qu'il ne soit occupé », répondis-je, pensant que la planche à voile n'était peut-être pas une occupation digne d'un omniheuriste. Je me demandais aussi comment ce M. Henderson avait bien pu savoir où nous étions.

« Très bien, fit la voix. Ayez l'obligeance de dire au docteur Ecco que M. Henderson lui rendra visite ce soir. »

Sans me laisser le temps de protester ou de consulter Ecco, mon interlocuteur raccrocha. Je mis Ecco au courant lorsqu'il revint avec Evangeline. Il eut un sourire : « Les riches ne se comportent pas comme vous et moi, professeur. Ils ne vous demandent jamais de rendez-vous. »

Le soir même, une voiture presque trop large et trop longue pour manœuvrer dans notre petite allée fit son apparition. Un homme de grande taille aux cheveux poivre et sel en descendit, évalua notre chalet du regard et se dirigea vers la porte.

A peine avait-il franchi le seuil qu'il exposait son problème à Ecco : « Selon mes conseillers, cela va prendre six ans et demi, conclut-il. Mais c'est trop long, Docteur Ecco, beaucoup trop long. Il faut que nous puissions terminer en quatre ans et demi au plus tard. Je suis prêt à mettre toute ma fortune dans cette aventure, mais j'aimerais tout de même en garder un peu pour ma retraite. »

Le docteur Ecco se tourna vers moi : « Monsieur Henderson, permettez-moi de vous présenter mes amis, le professeur Scarlet et le professeur Goode. » Henderson nous gratifia d'une vigoureuse poignée de main, mais il avait l'esprit ailleurs.

« Comme il vient de nous le dire, nous expliqua Ecco, M. Henderson subventionne la construction d'un institut d'étude des formes de vie non carboniques. Pour le construire, il faut mener à bien six tâches que nous appellerons A, B, C, D, E, et F. Toutefois, ces tâches sont interdépendantes, et voici comment.

« B prend quatre ans. A prend deux ans mais ne peut commencer avant que B ne soit achevé. F prend trois ans et D, quatre, mais D ne peut commencer qu'au moment où F est à moitié terminée. E prend également trois ans mais ne peut commencer qu'à la moitié de D.

— Je vois, dis-je. Cela va demander au moins 6 ans et demi. » Je proposai alors une succession de tâches demandant au moins six ans et demi, compte tenu de leur interdépendance.

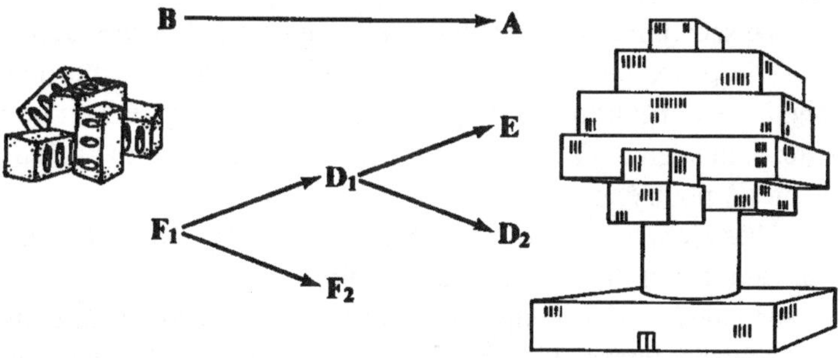

Figure 3 : Il faut exécuter six tâches interdépendantes pour construire l'Institut d'étude des formes de vie non carboniques. D se décompose en D_1 (première moitié) et en D_2 (seconde moitié). De même, F se décompose en F_1 et F_2.

(1) Quel est ce chemin critique ? (Solution p. 152.)

Henderson poursuivit : « Si j'en crois mes conseillers, pour cinq millions de dollars, n'importe quelle tâche peut être terminée dans la moitié du temps imparti et, pour dix millions de dollars, dans le quart du temps imparti. Quelle somme dois-je débourser pour que le projet soit terminé en quatre ans et demi ? »

(2) Qu'en dites-vous et comment vous y prendriez-vous ?

Ecco résolut le problème de M. Henderson en battant la condition requise de six mois. Puis il se tourna vers notre hôte : « Depuis combien de temps me faites-vous suivre ? »

Sans même rougir, Henderson répondit : « Oh ! quelques mois. Vous ne sortez pas souvent, mais vous recevez beaucoup de visites. J'ai vérifié les antécédents de bon nombre de vos clients. Quand j'ai vu la solution que vous avez donnée de l'affaire Terrence, j'ai été impressionné, mais j'ai pensé que c'était un coup de chance. C'est mon ami Hank Alfred qui m'a vraiment convaincu. Mais j'ai encore attendu. Avec votre venue dans l'Oregon, je n'avais plus d'excuse, j'ai donc demandé à mon secrétaire de fixer le rendez-vous. Comment savez-vous que je vous ai fait suivre ?

— Je l'ai déduit quand le professeur Scarlet m'a fait part de votre appel. Je n'avais parlé de mon voyage à personne. En outre, vous

vous êtes directement adressé à moi en arrivant ici. Je me suis dit que vous deviez avoir vu des photos.

— Exact. Entre parenthèses, je ne suis pas le seul. Mes agents m'ont dit que certains services de la sécurité menaient également une enquête sur vous. »

M. Henderson partit. Ecco était manifestement contrarié. Il parut préoccupé tout le reste de la soirée, refusant de desserrer les dents. Comme la première journée dans les gorges le fatiguait toujours beaucoup, selon Evangeline, la révélation de M. Henderson n'était peut-être pas la seule cause de sa mauvaise humeur. Heureusement, nous eûmes un temps superbe et un vent idéal jusqu'à la fin de notre séjour. Au bout de la semaine, Ecco était beaucoup plus serein.

A notre retour à New York, nous étions tous très joyeux. Mais le sourire d'Ecco s'évanouit à l'instant où il enfonça sa clé dans la serrure : « J'ai eu de la visite. Je ne ferme jamais ma porte à double tour. »

Nous nous ruâmes à l'intérieur, mais rien ne manquait ou ne semblait avoir été déplacé. Je commençai à me dire qu'Ecco avait peut-être fermé sa porte à double tour sans s'en rendre compte.

« Vous en doutez, je le vois bien, mais regardez donc ceci. »

Ecco me montrait un bout de papier sur lequel était écrit un étrange message :

Ngmk wlwk mf esdaf, f'wkl-uw hsk ?

CHAPITRE

2

PREMIERS ESPIONS

1

Espions et connaissances

Les organisations d'espionnage ont toujours suscité chez Ecco un mélange de fascination devant leur réputation de danger et de mystère, de crainte face à leur puissance de surveillance, et de mépris pour l'incompétence qui se dissimule souvent sous une apparence de secret. Après notre équipée de planche à voile et la découverte du message codé, Ecco était obsédé par l'idée qu'on le surveillait peut-être.

Il avait changé. On avait violé son intimité. Sa profession qui, jusque-là, lui avait garanti une grande indépendance, était devenue la raison même de la surveillance qu'il subissait. Il commença à manifester une certaine tension.

« A en croire un procureur de ma connaissance, dès qu'un détonateur d'explosifs pénètre en ville, il y a toujours un service de police pour être au courant et réclamer un mandat de perquisition. Comment diable sont-ils au courant de l'existence du détonateur ? Quelle technologie peuvent-ils bien avoir à leur disposition ? A l'heure qu'il est, on nous écoute probablement », conclut-il, furieux.

Il alla même jusqu'à acheter un détecteur de micros, mais il ne trouva rien dans son appartement.

Son premier visiteur issu de la communauté du renseignement vint le voir moins d'un mois après notre voyage dans l'Oregon. Il se présenta comme un fonctionnaire sans donner plus de détails.

« Nous avons arrêté plusieurs individus que nous soupçonnons d'appartenir à un réseau d'espions, dit-il, en en venant enfin au fait après les politesses d'usage. Pour des raisons de sécurité, je les appellerai A, B, C, D, E, F et G. Nous les avons interrogés tous les sept. A admet avoir rencontré les six autres. B admet en avoir rencontré cinq, C en avoir rencontré quatre, D en avoir rencontré trois, E en avoir rencontré deux, F en avoir rencontré deux, et G en avoir rencontré un.

« Aucun n'a voulu révéler l'identité de ceux qu'il connaissait, mais nous avons au moins réussi à lui soutirer les chiffres. Aucun espion n'admettrait avoir rencontré plus de gens qu'il n'en a vraiment vu, parce qu'alors l'interrogatoire serait une expérience très pénible pour lui s'il ne fournissait pas de renseignements essentiels.

« Comme nos détecteurs de mensonges sont généralement difficiles à tromper, nous serions tentés de conclure qu'ils ont dit la vérité. Est-ce possible ?

— Avant toute chose, dites-moi si vous avez installé votre électronique sophistiquée chez moi.

— Je vous assure que nous ne faisons rien de la sorte. Je ne m'exprimerais pas aussi librement si je pensais que votre appartement était truffé de micros.

— Bon, la réponse à votre question est non », dit Ecco, rassuré pour le moment.

(1) Comment Ecco a-t-il su que les espions ne disaient pas tous la vérité ? (Solution p. 153-154.)

« C'est bien ce que nous avions conclu, dit notre visiteur. Dans ce cas, il y en a vraisemblablement au moins un qui en a rencontré plus qu'il ne le dit. Comme je vous le disais, très peu d'espions sont capables de tromper nos détecteurs de mensonges. Nous préférerions ne pas perdre notre temps à tous les interroger longuement. Nous l'avons déjà fait avec F, et nous sommes convaincus qu'il dit la vérité. Pouvez-vous deviner lesquels d'entre eux mentent avec les renseignements que je vous ai fournis ? Sinon, pouvez-vous me dire qui dit sans aucun doute la vérité ?

— Je crains qu'il ne reste que peu de suspects, répondit Ecco après un moment de réflexion. Voici ceux dont l'honnêteté ne fait pas de doute. »

(2) Qui sont ceux dont l'honnêteté ne peut être mise en doute ? Supposez que F dit la vérité et qu'il n'y a qu'un menteur. (Solution p. 153.)

Ecco présenta ses conclusions. Notre visiteur nous remercia et, en partant, déposa une enveloppe pleine d'argent sur le guéridon près de la porte. Il s'apprêtait à sortir quand Ecco lui lança sèchement : « Gardez votre argent, monsieur. Contentez-vous de rappeler vos chiens.

— Docteur Ecco, dit notre visiteur revenant sur ses pas avec un sourire condescendant aux lèvres, vous êtes devenu trop important pour nous. Je ne suis que le premier à venir vous demander de l'aide. L'autre camp va peut-être faire appel à vos services. Nous devons protéger nos intérêts.

— Je ne suis pas sûr de vouloir vous croire, dit Ecco. Mais même en supposant que ce soit le cas, j'ai le droit de ne pas vouloir être protégé, n'est-ce pas ?

— Nous devons protéger nos intérêts, Docteur Ecco, répéta notre visiteur.

— Et si je refusais de vous aider de nouveau ?

— C'est une possibilité. Mais nous avons très soigneusement étudié votre cas. Vous avez du mal à résister aux défis, et nous en avons en pagaille.

— Exact. C'est comme ça que vous piégez les universitaires. Même si on n'est pas d'accord avec certains de vos objectifs, vos problèmes sont irrésistibles.

— Quoi qu'il en soit, nous allons considérablement relâcher notre surveillance. Notre confiance en vous est totale. »

Vous croyez qu'il dit la vérité à propos des micros ? écrivit Ecco sur un bout de papier après le départ de l'homme.

Je haussai les épaules et déchirai le papier.

2

ESPIONS ET AGENTS DOUBLES

Ecco a reçu la visite de bien d'autres agences de renseignements depuis lors. Malheureusement, je n'ai pas le droit de parler de la plupart des énigmes qu'elles lui ont soumises. Celles que je rapporte ont été « expurgées ». J'espère que le lecteur comprendra.

L'un de nos visiteurs les plus assidus était un homme distingué mais un peu bourru que nous avons fini par surnommer « le directeur ». Il ne nous a jamais révélé sa véritable identité. Quand il téléphonait, il y avait toujours d'étranges bruits de fond, censés décourager les oreilles indiscrètes.

De ce fait, un jour que le téléphone venait interrompre notre partie d'échecs, je ne fus pas surpris d'entendre Ecco s'exclamer en reconnaissant les bruits de fond habituels, « Oh ! Paul ! Comment allez-vous ? » Depuis quelque temps, Ecco prenait un malin plaisir à tenter de percer les secrets, aussi innocents fussent-ils, des agences de renseignements.

« Vieux truc, dit le directeur, agacé. Vous aviez une chance sur deux de tomber juste.

— Bien sûr, Monsieur le Directeur. Peut-être devrais-je essayer le nom de votre chien la prochaine fois. Avez-vous un chien, ou est-ce top secret ?

— Écoutez, Ecco. Nous avons un problème de sécurité nationale grave. Ce n'est pas le moment de plaisanter.

— Excusez-moi, Monsieur le Directeur. Je vous écoute.

— Nous venons de recevoir des rapports de deux espions, mais nous ne comprenons pas ce qu'ils ont envoyé. En outre, l'un d'eux est peut-être un agent double. L'un de nos agents qui a été abattu récemment nous a confié dans son dernier souffle que seul l'un de ces deux espions était digne de confiance, mais qu'il ne savait pas lequel.

— Ayez l'obligeance de venir chez moi demain matin, Monsieur le Directeur, et nous verrons ce que nous pourrons faire. »

Le lendemain, le directeur arriva, les traits tendus : « Nous venons de perdre un autre agent. Je crains que l'espion douteux ne soit responsable. »

Ecco tenta d'être rassurant : « Commençons donc par voir les messages. »

Le directeur les donna à Ecco qui ajouta quelques commentaires dans la marge. Il eut un sourire, puis hocha la tête et se mit à griffonner.

« Vos espions sont des logiciens, à ce que je vois. Puis-je

montrer ces messages au professeur Scarlet ? En les expurgeant de leur contenu réel, bien entendu. »

Le directeur accepta à contrecœur. Ecco l'avait surnommé l'avare secret. Il est sûr qu'il donnait les renseignements au compte-gouttes.

« Professeur, me dit Ecco, chacune des lettres W, X, Y et Z représentent des assertions qui sont soit vraies soit fausses. J'appellerai les espions A et B.

L'espion A a déclaré :
De W, X et Y, une seule assertion est vraie.
De X, Y et Z, une seule assertion est vraie.
De W et Z, une seule assertion est fausse.

L'espion B a déclaré :
De W, X et Y, une seule assertion est vraie.
De X, Y et Z, une seule assertion est vraie.
De W, Y et Z, une seule assertion est vraie.

« Bien, Monsieur le Directeur, dit Ecco en reposant son crayon. Voici deux feuilles de papier. Sur la première figure le nom de l'espion douteux, et sur l'autre, vous trouverez la ou les assertions qui, selon le rapport de l'espion digne de foi, sont vraies. »

Quel espion ment et lequel dit la vérité ? Quelle(s) assertion(s) est (sont) vraie(s) ? Essayez de présenter une preuve convaincante. (Solution p. 154.)

Le directeur blêmit en lisant la première feuille : « Mais il partageait ma chambre à l'université ! Cela fait des années que je le connais. Prouvez-moi qu'il a menti. »

Ecco sourit et lui tendit une troisième feuille. « Voici votre preuve, Monsieur le Directeur. » Le docteur Ecco se tourna vers moi et poussa un soupir de satisfaction. « Professeur, n'est-il pas rassurant d'apprendre que les gardiens de notre sécurité nationale ont reçu une bonne éducation ? Peut-être notre cher directeur va-t-il nous dire à quel type d'université va sa loyauté ?

— Dommage que vous soyez aussi intelligent, Ecco », marmonna le directeur en sortant.

3

MONTAGE DE FUSÉES

La quarantaine alerte et le cheveu châtain indiscipliné, William Noholly entra d'un pas vif. Il portait une veste trop étroite et une cravate qui jurait avec le reste.

« Lequel d'entre vous est le docteur Ecco ? »

Ecco lui tendit la main et me présenta.

« Ravi de vous rencontrer. Écoutez, vieux, on a un problème. Les Fédéraux nous demandent de dessiner une nouvelle usine pour construire les fusées de secours d'un vaisseau spatial. Il faut que la construction se fasse dans un seul atelier. Plusieurs postes de montage sont nécessaires. Ces postes sont reliés par des tapis roulants. Comme nous avons eu des problèmes dans d'autres usines, il est hors de question que les tapis roulants se croisent. Les passerelles que nous sommes obligés d'installer dans ce cas nous ont toujours causé des ennuis.

« Appelons les postes de montage A, B, C, D, E, F, G H, I et J. Voici leurs rapports :

Au poste C, nous avons besoin des postes A et B. Nous avons donc besoin de tapis roulants allant des postes A et B au poste C.
Pour construire D, nous avons besoin de C et de F.
Pour construire E, nous avons besoin de B et de D.
Pour construire G, nous avons besoin de E et de A.
Pour construire H, nous avons besoin de B et de G.
Pour construire I, nous avons besoin de F et de H.
Pour construire J, nous avons besoin de B et de I.
J est le dernier poste.
De J, les fusées assemblées partent aux docks de chargement.

« Pouvez-vous imaginer un moyen d'installer les tapis roulants sans recourir à des passerelles ? Il faut que chaque étape du montage ait lieu dans un seul endroit. Par exemple, il n'est pas question que certains éléments de E soient assemblés à un endroit et d'autres ailleurs. »

(1) Est-il possible de faire ce que demande Noholly ? Si oui, proposez un schéma. *(Solution p. 154-155.)*

Noholly hocha la tête pour indiquer qu'il avait compris la réponse d'Ecco : « Une autre question. Le poste D fabrique des fuselages qui peuvent être utiles en soi. Si nous produisons et les fusées et les fuselages, nous aurons besoin de tapis roulants reliant D et J et les docks de chargement. Pouvons-nous amener les fusées et les fuselages sur les docks de chargement sans passerelles ? Il est possible que nous soyons obligés de fabriquer les “unités de base” A, B et C dans plus d'un seul endroit. Mais comme mettre sur pied un poste de montage d'unité de base coûte cinq millions de dollars, essayez de ne pas trop en prévoir.

— Faut-il aussi des tapis roulants entre les docks de chargement et A, B et F ? demanda Ecco.

— Pas pour B, en fait. Les composants de B sont tellement petits que nous pouvons les faire rentrer quand l'usine ne tourne pas et nous en avons suffisamment pour tenir plusieurs jours. Nous n'avons donc pas besoin de tapis roulant entre les docks de chargement et les postes de montage de B. »

(2) Proposez une solution nécessitant le moins de postes de montage d'unités de base possible et qui permette de fabriquer à la fois les fuselages (poste de montage D) et les fusées (poste de montage J) sans recourir à des passerelles. *(Solutions p. 155-156.)*

Ecco donna la solution sous la forme d'un diagramme. Noholly l'étudia et hocha la tête avec enthousiasme. Puis il desserra son nœud de cravate, se leva, s'étira et nous dit : « Cela vous dirait d'aller boire un verre, les gars ? »

A ma grande surprise, Ecco accepta et alla même jusqu'à convier Evangeline venue voir une collègue pour discuter de leurs recherches. Ecco, Noholly et Evangeline organisèrent un concours pour voir celui qui tenait le mieux l'alcool. A la fin de la soirée, Ecco dormait profondément, Noholly chantait des ballades, et Evangeline m'expliquait calmement les progrès de sa recherche.

4

Forage offshore

Bien qu'Ecco n'ait absolument pas collaboré avec le journaliste, la revue *Oil and Gas* a publié un court article sur le rôle d'Ecco dans l'opération de réapprovisionnement sibérien. « Si cela continue, des spéculateurs internationaux spécialisés dans le pétrole vont venir me demander de prédire les fluctuations du marché des hydrocarbures », marmonna-t-il en parcourant l'article.

Ecco refusa de nombreux clients au cours des semaines suivantes, mais il fut incapable de résister à l'affaire du forage *offshore* avec le *pipe-line* à double usage.

Laura Austin se présenta comme un ingénieur travaillant pour une entreprise pétrolière basée en Louisiane. « Docteur Ecco, nous sommes en train de concevoir une plate-forme *offshore* pour pomper du pétrole au rythme d'un baril par minute. L'équipement sur la plate-forme consomme de l'eau claire au rythme de 0,1 baril environ par minute. La plate-forme a un réservoir de pétrole d'une contenance de 100 barils et un réservoir d'eau d'une contenance de 10.

« Nous aimerions installer un *pipe-line* entre la côte et la plate-forme pour apporter l'eau et rapatrier le pétrole. Comme nos filtres empêchent le pétrole ou l'eau de partir dans la mauvaise direction, utiliser le même *pipe-line* pour les deux usages ne pose pas de problèmes, mais nous ne pouvons pas pomper des deux côtés en même temps.

« Pour passer du pétrole à l'eau, il faut environ six minutes de l'instant où la dernière goutte de pétrole quitte la plate-forme à l'instant où la première goutte d'eau quitte la côte. Le processus inverse prend également six minutes.

« La question est de savoir combien de barils par minute le *pipe-line* doit transporter pour empêcher les réservoirs de déborder tout en conservant suffisamment d'eau sur la plate-forme. En outre, pourriez-vous nous dire la fréquence à laquelle nous devrions procéder à la commutation de l'eau au pétrole et *vice versa* ? »

(1) Quelle capacité le pipe-line *doit-il avoir ? A quelle fréquence l'entreprise devrait-elle passer de l'eau au pétrole ? (Solution p. 156.)*

« J'étudie les carrefours de New York, mademoiselle Austin, dit Ecco. Votre problème ressemble fort à celui de la fixation de la durée des feux à un carrefour. Voici la solution. » Il lui tendit un morceau de papier où était inscrite une démonstration éclair.

« Merci, docteur Ecco. Maintenant le problème se complique. Nous voulons réduire la capacité du *pipe-line* à 1,2 baril par minute. Nous sommes disposés à augmenter la capacité de l'un des réservoirs, mais d'aussi peu que possible. »

(2) De quel réservoir faudrait-il augmenter la capacité et de combien ? Comment devrait-on alors utiliser le pipe-line *? (Solution p. 156-157.)*

« Docteur Ecco, vous arrivez sans aucun doute très vite à vos conclusions, dit Mademoiselle Austin après qu'Ecco lui eût donné sa réponse. Je connais beaucoup de gens susceptibles de faire appel à vos services. Si vous voulez...

— Merci, mademoiselle Austin, mais c'est non. Le professeur Scarlet pourrait vous dire que j'ai refusé la plupart des commandes venant de votre secteur d'activité. Dans certains cas, vos ingénieurs obtiendraient de meilleurs résultats que moi. Dans d'autres, vos collègues feraient bien de s'adresser à des voyantes. »

CHAPITRE

3

EXPERTS

1

Le problème des campeurs

Il faut protéger la vérité avec une cuirasse de mensonges.
(Winston Churchill.)

Si prévenir ses amis que l'on s'apprête à partir en voyage est une marque d'attention, on peut dire qu'Ecco n'est pas loyal du tout. Lui se contente de m'avertir qu'il est parti et de m'appeler à son retour.

Il se rend généralement dans des endroits déserts sur la côte, le plus souvent dans le Maine, à l'automne. « Je me nourris de choses simples, et je passe le plus clair de mon temps à marcher. De temps à autre, je m'allonge sur la plage. Ça sent bon le sel et l'iode ; les mouettes m'enveloppent de leurs cris perçants. C'est là que je reprends mes esprits. »

C'est quelques jours après un de ces voyages que l'une des grandes gageures de sa carrière se présenta. Nous étions plongés dans une partie d'échecs très serrée, mais je voyais bien que les choses n'allaient pas parce qu'Ecco déplaçait souvent sa dame.

Le téléphone sonna et Ecco me fit signe de prendre l'écouteur. « Docteur Ecco, nous avons besoin de votre aide, dit la voix. Euh... ! Docteur Ecco, nous détectons un signal... On nous écoute.

— Oui, mon général, dit Ecco en souriant. C'est le professeur Scarlet. Ne vous inquiétez pas. »

L'espionnage possible de ses faits et gestes inquiétait moins Ecco maintenant. Le directeur lui avait assuré que la surveillance avait cessé, mais il lui avait demandé de limiter ses voyages à des pays amis.

« Oh ! Bonjour, professeur, dit le général. Nous devons être prudents, c'est tout. Je serai chez vous dans deux heures.

— Parfait. »

« Docteur Ecco, permettez-moi de vous raconter une histoire », commença le général. Ecco me sourit. Les militaires adoraient dissimuler leurs intentions derrière des paraboles. Leurs propos étaient transparents, ou bien ils étaient complètement obscurs.

« Ne vous laissez pas induire en erreur par l'innocence de son cadre, poursuivit le général. Nous parlons de choses graves.

— Oui, mon général.

— Supposons que vous soyez un animateur de camp de vacances. Vous et vos huit campeurs êtes perdus dans les bois, incapables de retrouver votre chemin. Vous arrivez à une croisée de quatre chemins. Vous savez que le camp se trouve à vingt minutes de là, mais vous ne savez quel chemin prendre. Il vous reste encore une heure avant la tombée de la nuit, après quoi tout déplacement sera très dangereux. Il n'est donc pas question que vous empruntiez un chemin en emmenant tous les campeurs. Ce serait trop long.

Figure 4 : Arrivés à la croisée des chemins, les campeurs disposent d'une heure pour trouver le camp.

« Vous devez envoyer des petits groupes vingt minutes dans chaque chemin et leur donner rendez-vous au point de départ, quarante minutes plus tard. Vous déciderez alors quel chemin emprunter. (Vous pouvez aussi participer aux recherches dans les quarante premières minutes.)

« Le problème, c'est qu'il arrive que deux des campeurs de votre groupe mentent. Vous ne savez pas qui ils sont. Comment divisez-vous votre groupe en équipes de recherche ? A l'heure du rendez-vous, comment décidez-vous du chemin à prendre ? Quelle que soit la répartition des menteurs occasionnels — quels qu'ils soient — dans les équipes et qu'ils mentent ou non, vous ne pouvez pas vous tromper. »

A la fin de l'exposé du général, Ecco se tourna vers moi :

« Qu'en pensez-vous, professeur ?

— On a neuf personnes, dont l'animateur, et quatre chemins possibles. Comme le groupe est perdu, n'importe quel chemin est possible. Je pense qu'il serait utile que l'animateur participe aux recherches. Envoyer trois personnes dans trois chemins différents et leur demander de revenir au bout de vingt minutes serait peut-être une bonne idée.

— Mais supposons que deux équipes reviennent en disant que le camp n'est pas au bout de leur chemin. Supposez ensuite que deux campeurs de la troisième équipe disent que le camp se trouve au bout de leur chemin et que le troisième prétende le contraire. Vous ne sauriez pas si le bon chemin est le troisième ou s'il s'agit de celui qui n'a pas été exploré. C'est délicat parce que les menteurs mentent peut-être mais pas forcément.

— Exact. Mais trois chemins devraient suffire. »

Ecco ne répondit pas. Il était plongé dans ses pensées. Au bout d'un moment, il s'exclama en souriant : « Professeur, l'animateur ne ment pas. » Quelques minutes plus tard, il expliquait sa solution au général.

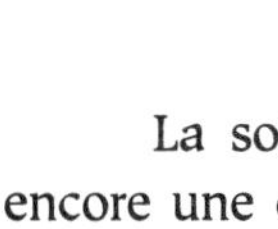

(1) Essayez de résoudre le problème en vous servant de l'observation d'Ecco. ***(Solution p. 157.)***

La solution d'Ecco eut l'air de satisfaire le général qui avait encore une question en réserve : « Docteur Ecco, il est possible que les... campeurs ne soient que sept. Pouvez-vous résoudre le problème dans ce cas de figure ? »

(2) Donnez une solution ou démontrez qu'aucune solution n'est possible avec sept campeurs. (Solution p. 157-158.)

Le général appela quelques jours plus tard pour demander la solution d'un problème bien plus difficile. « Docteur Ecco, supposons qu'il y ait cinq menteurs. Dans ce cas, combien de campeurs seraient indispensables pour trouver le camp et comment vous y prendriez-vous ? »

(3) Essayez de démontrer que le nombre que vous choisissez est le plus petit possible. Il devrait être inférieur à 20. (Solutions p. 158.)

Après avoir répondu à cette question, Ecco se détendit... « Cela m'a tout l'air d'un problème de communications, Scarlet. Il arrive aux émetteurs de tomber en panne, comme il arrive à des gens de mentir, mais peut-être savent-ils qu'il est très improbable que plus de deux émetteurs tombent en panne en même temps.

— Et l'animateur en qui on a toute confiance ?

— Oui, je dois réfléchir au rôle qu'il pourrait jouer. »

Le téléphone ne lui en laissa pas le temps. C'était le général.

« Docteur Ecco, je vais vous soumettre le problème peut-être le plus difficile de tous. Supposez que vous n'ayez que quatre campeurs et l'animateur, mais qu'il arrive à deux d'entre eux de mentir de temps à autre. Quoi qu'il en soit, vous avez cent minutes — le temps de deux allers-retours complets — pour prendre la décision. Y a-t-il une solution ? »

Qu'en pensez-vous ?

Ecco me regarda.

« Cela me paraît difficile, dis-je. Avec quatre campeurs, rien ne dit que ceux qui disent la vérité peuvent l'emporter sur les menteurs.

Mais peut-être pouvons-nous jouer de nouveau sur le fait que le camp ne peut se trouver qu'au bout d'un chemin.

— Suggestion très prometteuse, dit Ecco si vite que je compris qu'il en examinait déjà les implications. Mon général, nous allons y réfléchir, nous vous rappellerons.

— Parfait, Ecco. Mais faites vite, s'il vous plaît. En outre, ce serait bien si vous pouviez éviter à certains des campeurs de faire les deux voyages. »

Ecco se mit aussitôt au travail avec beaucoup d'énergie, mais il s'interrompit trois ou quatre fois en grommelant, froissa sa feuille et la jeta au panier. Je cherchai de mon côté, mais sans succès. Ecco s'arrêta, appuya sa tête contre le dossier de sa chaise, et réfléchit, les yeux fixés au plafond. Je me mis à penser à autre chose. Soudain Ecco se mit à rire.

« Eh bien, professeur, vous avez encore gagné. Je peux résoudre le problème. Mon raisonnement repose sur vos observations, qui sont excellentes bien qu'énigmatiques. Vous noterez qu'au moins trois des quatre campeurs ne sont pas obligés de faire le second voyage. »

(4) Résolvez le problème avec quatre campeurs, dont deux menteurs occasionnels. Vous avez le temps pour deux voyages d'exploration et une marche finale vers le site. Notez que chacun des menteurs peut mentir quand cela lui chante. Par exemple, il peut mentir après le premier voyage et non après le second, et vice versa.

« Votre solution est la simplicité même. Pourtant, elle est tellement différente des précédentes, m'émerveillai-je. En outre, vous n'utilisez au plus qu'un campeur dans le second voyage. Je ne peux m'empêcher de me demander si trois campeurs ne suffiraient pas.

— Si vous saviez que les deux menteurs donneront toujours la même réponse s'ils empruntaient le même chemin, vous pourriez certainement y arriver. »

A ce jour, je n'ai toujours pas trouvé la solution.

2

CAILLOUX ET PERSUASION

C'était l'été. La chaleur était écrasante. Il n'y avait pas le moindre brin d'air. Ecco était grognon. « Quand je pense qu'il souffle un vent de vingt-cinq nœuds dans les gorges de la Columbia et que je suis ici à mariner dans ce sauna. Pas de clients, pas de planche à voile. Je me demande ce qu'un Tlönien ferait à ma place ? »

Ecco faisait souvent allusion à la planète Tlön, une invention de Jorge Luis Borges. Sur Tlön, les objets n'ont pas d'existence continue. Ils se multiplient ou disparaissent, selon qu'une personne se concentre dessus ou non.

« M'imaginerais-je dans les gorges de la Columbia ? En entrant dans l'esprit du Tlönien, je risque de ne pas le faire. Après tout, passer de l'inconfort au confort aussi facilement implique que je pourrais être renvoyé ici aussi aisément. Le seul fait de songer à mon appartement étouffant avec la jubilation de quelqu'un qui vient d'y échapper pourrait suffire à m'y ramener, continua Ecco, en grignotant ses biscuits.

« La psychologie est plus proche des mathématiques que la physique. Les physiciens se servent des maths comme d'un outil, d'une sorte de clé. Mais les mathématiques sont une création de l'imagination. Quand on en fait bon usage, la psychologie étudie ces créations. »

Il y eut un coup de sonnette. Une femme entra avec l'assurance d'une personne dotée d'une parfaite maîtrise d'elle-même. Si la chaleur la dérangeait, cela ne se voyait pas du tout.

« Lequel d'entre vous est le docteur Ecco ?

— Votre serviteur, madame, dit Ecco en se redressant inconsciemment.

— Je m'appelle Decker, enchaîna-t-elle sans attendre. Je suis avocate et je dois rédiger des conclusions pour une affaire importante. Comme les faits sont assez compliqués, le juge m'a autorisée à me servir de cinq chevalets munis de feuilles.

« J'aimerais présenter l'argument de sorte que chaque fois que je montrerai un nouveau diagramme, toutes les assertions et les preuves venant l'étayer seront visibles sur les autres chevalets. Il n'est pas possible de présenter le même diagramme deux fois. En outre, chaque fait ou assertion s'accompagne d'un diagramme.

« Prenons un exemple simple. Supposons que les faits A et B étayent l'assertion C, et que le fait D et l'assertion C étayent la conclusion E. Si je présente ces points dans l'ordre D A B C E, j'ai besoin de quatre chevalets. Quand je présente C, A B et D doivent également être visibles. Toutefois, si je choisis l'ordre A B C D E, je n'ai plus besoin que de trois chevalets. Une fois que j'ai présenté C, je peux me servir des chevalets affichant A et B à d'autres fins.

— Cela ressemble au type de problèmes que résolvent les professeurs quand ils écrivent au tableau, fit Ecco en me regardant.

— Exactement, dit l'avocate. J'ai essayé de le faire en me servant d'un tableau d'amphi. Mais le problème en soi est loin d'être simple. »

Elle donna alors les rapports suivants :

A, B et C étayent M.
D et E étayent N.

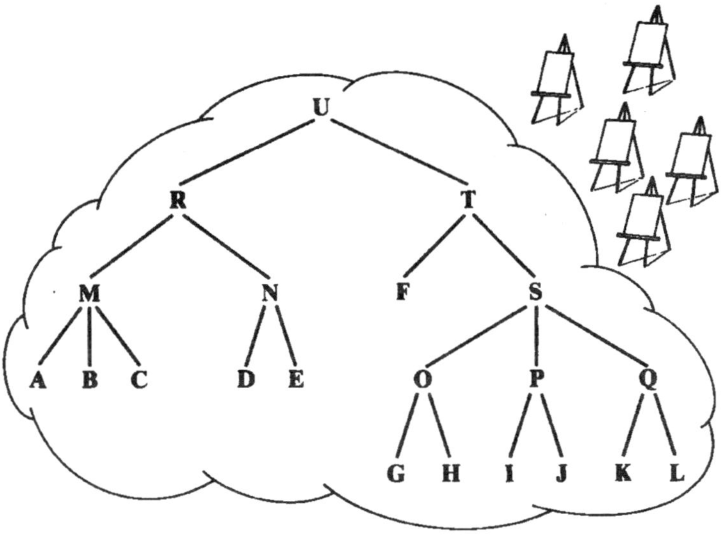

Figure 5 : Les rapports entre les faits, les assertions et les conclusions que mademoiselle Decker doit montrer sur ses chevalets.

G et H étayent O.
I et J étayent P.
K et L étayent Q.
M et N étayent R.
O, P, et Q étayent S.
F et S étayent T.
R et T étayent U.

« Il faut que je sache si je peux présenter cette affaire jusqu'à U avec cinq chevalets et, si tel est le cas, quels diagrammes mettre sur chacun et quel ordre adopter. Rappelez-vous que, dès que je montre une assertion, tous les arguments l'étayant doivent également être visibles sur les autres chevalets. Souvenez-vous aussi que chaque fait ou assertion requiert un diagramme. »

Ecco se mit à griffonner. J'offris des biscuits à notre visiteuse, mais elle avait les yeux fixés sur la main d'Ecco. Au bout de quelques minutes, Ecco entreprit de noircir une nouvelle feuille de papier.

« C'est faisable », dit-il.

Comment placer les chevalets et quel ordre adopter pour arriver à la conclusion d'Ecco ? *(Solution p. 160.)*

3

LE PROBLÈME DE L'ARCHITECTE

La réussite d'Ecco en tant qu'omniheuriste s'explique surtout par sa capacité d'appliquer une logique à des problèmes qui ne semblent pas relever d'une discipline particulière. Par exemple, personne n'a jamais étudié les mathématiques que contiennent les conclusions des avocats. Mais les aptitudes d'Ecco ont également suscité de l'intérêt dans la communauté des architectes.

Après la catastrophe de l'hôtel due à un défaut de structure et à une colonne mal conçue qui avait fait de nombreuses victimes au début des années quatre-vingt, dans le Middlewest, de nombreuses sociétés de construction ont demandé à Ecco d'évaluer leurs plans.

« J'essaie de trouver les contradictions dans les plans : des hypothèses qu'un concepteur de poutre forme à propos de charges et de soutiens verticaux qui ne correspondent pas aux plans du concepteur de colonnes ou d'espacements des couples, m'expliqua Ecco un jour. Je n'essaie pas de les trouver toutes. Si je n'en trouve aucune en y travaillant longtemps et sérieusement, ils sont rassurés. Si j'en trouve, ils ont tout intérêt à chercher les autres.

— Ne pourriez-vous pas faire mieux ? Leur donner une garantie de l'exactitude des plans, par exemple ?

— Cela arrive, mais il est souvent impossible du point de vue purement pratique de prétendre à une vérification exhaustive. C'est la vie : les essais ne révèlent que des erreurs, ils ne garantissent pas l'exactitude. »

Il est arrivé que des architectes viennent consulter Ecco non pour lui demander de vérifier un plan, mais parce qu'ils étaient confrontés à un ensemble de contraintes qu'ils ne savaient pas comment respecter. Ce fut le cas de la célèbre architecte Emily Harn. Elle travaillait à un projet pour une équipe de chercheurs du gouvernement dans l'Antarctique.

« Le problème est étrange, expliqua-t-elle. La plupart des clients ont des idées de plans, mais jamais aussi abstraits ou aussi apparemment impossibles à satisfaire.

« Nous avons pour instruction de dessiner la structure d'un étage de 31 pièces mesurant toutes 6 mètres sur 6. (Laissons de côté l'épaisseur des murs ; supposons qu'ils aient une épaisseur nulle.) Quinze pièces ont trois portes. Nous pouvons placer ces portes où bon nous semble sauf dans des coins. Les 16 autres pièces n'ont qu'une porte. L'une des pièces sert également d'entrée au bâtiment (par l'une de ses trois portes). Il faut que l'on puisse passer de n'importe quelle pièce à une autre sans franchir plus de huit portes. Il ne doit pas y avoir de couloirs.

— Cela veut dire qu'aucune pièce à une seule porte ne peut avoir une porte donnant sur une pièce à une seule porte, fit remarquer

Ecco avec un petit rire. Sinon, il serait impossible d'entrer dans ces pièces et d'en sortir.

— J'ai pu faire cette déduction toute seule, merci, dit l'architecte contrariée par le ton enjoué d'Ecco. Si je n'ai pas résolu ce problème avant demain, j'irai pointer à l'ANPE. A propos, il y a une dernière contrainte : le bâtiment doit tenir sur un terrain d'une surface de 50 mètres sur 50.

— Ce n'est pas un problème si difficile que cela, dit Ecco qui griffonna quelque chose sur un bout de papier avant de le tendre à la jeune femme. »

Sur la feuille de papier figurait en tout et pour tout un H majuscule.

« Mais c'est la source de la réponse, protesta Ecco devant l'impatience mal dissimulée de son interlocutrice. Je vais vous dessiner le plan. »

Essayez de proposer un plan. (Solution p. 161.)

Satisfaite du plan proposé par Ecco, l'architecte parut se détendre. « Pardonnez-moi de m'être emportée, docteur Ecco. J'ai cru que vous aviez abandonné — comme tous ceux que j'ai consultés — et que vous vous moquiez de moi.

— Pas du tout, dit Ecco. Pardonnez-moi ma désinvolture. Je vous souhaite beaucoup de chance avec votre projet. »

Après le départ de l'architecte, Ecco se tourna vers moi en souriant : « Vous avez réfléchi à la question évidente, n'est-ce pas, professeur ?

— Je crois, oui. A savoir, est-ce que votre solution requiert le moins de franchissement de portes possible ?

— Exactement. Le problème ne manque pas d'intérêt. Il est assez facile, pour commencer, de démontrer qu'il ne peut y avoir qu'un moyen de passer de n'importe quelle pièce à une autre.

— Le reste de la démonstration est beaucoup plus délicat et il faudra que j'y réfléchisse après une bonne partie d'échecs. Qu'en dites-vous ? »

4
CIRCUITS DE CONTRÔLE

Il m'est arrivé de passer à l'improviste chez Ecco pour discuter d'un problème mathématique ou simplement partager une tasse de thé et lire. Ecco ouvrait la porte, me faisait signe de m'asseoir et m'offrait du thé, sans dire plus de trois mots. Ce n'était pas par manque de gentillesse (bien qu'Ecco fût tout sauf gentil d'une manière conventionnelle), mais ses lectures et ses théories exigeaient de longues périodes de concentration. Ouvrir la porte et offrir du thé ne le déconcentrait pas. Une conversation, si.

Un après-midi de ce genre, j'étais las de l'article que j'étais en train de lire. L'auteur avait développé une longue notation pour ne pas prouver grand-chose.

L'un des carnets d'Ecco intitulé « Esthétique des maths » était posé sur son bureau, à portée de main. Je l'ouvris à la première page. Il incarnait un idéal malheureusement absent de l'article que je venais de lire.

« Dans les disciplines mathématiques, il n'est pas obligatoire que les théories correspondent à des faits. Il faut qu'elles soient d'une élégante simplicité, bien que cette élégance soit rarement reconnue à moins que la théorie ne présente une utilité. En l'occurrence, Galois est un bon exemple. Il a développé la théorie des groupes alors qu'il n'était qu'adolescent pour répondre à certains problèmes de son temps. A dix-neuf ans, sans avoir encore rien publié, il est mort dans un duel. Soupçonnant l'issue fatale du duel, il a passé la soirée de la veille à transcrire ses résultats. Il interrompait fréquemment une démonstration par ces mots prophétiques : *Je n'ai pas le temps*. Les groupes de Galois n'ont été acceptés que plusieurs décennies après sa mort prématurée. On a du mal à imaginer les mathématiques modernes sans eux... »

Des coups frappés à la porte vinrent interrompre ma lecture. Ecco alla ouvrir. Un homme vêtu d'un complet bleu se présenta sous le nom de Lars Pollard.

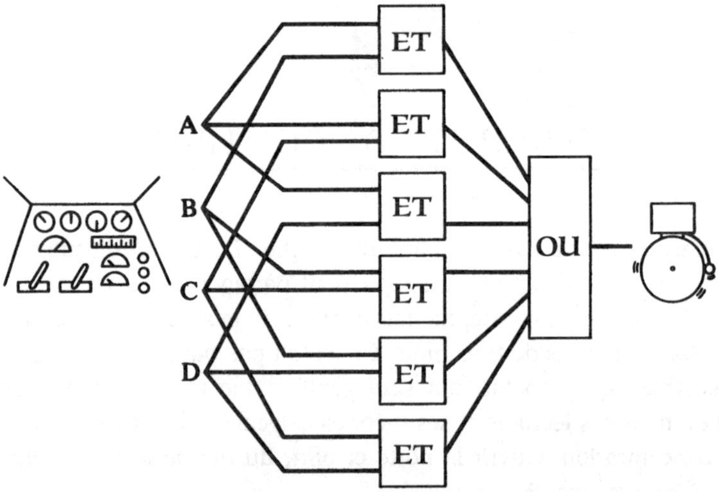

Figure 6 : Ce circuit permettra de vérifier quatre signaux d'entrée. Mais Ecco ne pense pas que ce soit la bonne solution.

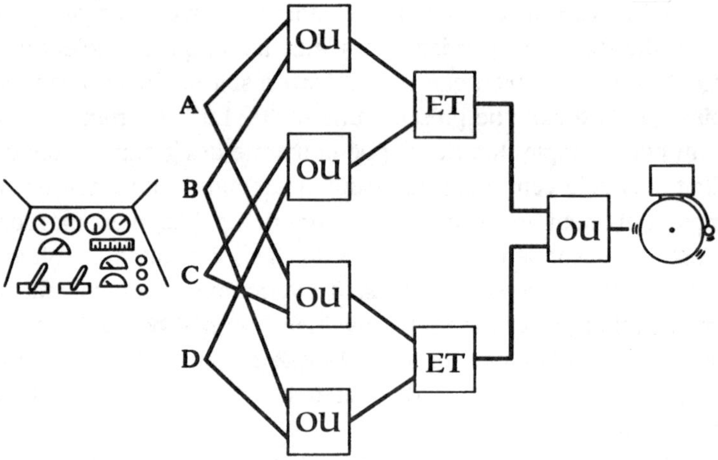

Figure 7 : Un autre circuit efficace avec quatre signaux d'entrée. Si deux signaux d'entrée ou plus sont 1, la sortie est 1.

« Mon travail consiste à concevoir des circuits qui détectent des erreurs dans d'autres circuits. Un tableau de contrôle primaire dans un réacteur nucléaire envoie des signaux à seize moteurs différents. A tout instant, un moteur au plus devrait recevoir un signal “marche”. Les autres doivent recevoir un signal “arrêt”. Je dois concevoir un circuit de contrôle pour détecter les cas où deux signaux ou plus envoient l'instruction “marche”. Si tel est le cas, le nouveau circuit coupe tous les moteurs, ce qui est préférable sur le plan de la sécurité.

— La conception de circuits est l'un de mes passe-temps favoris, dit Ecco en se frottant les mains à cette perspective. Je suppose que le signal “marche” est transmis comme un signal de haute densité (1) et “arrêt” de faible densité (0).

— Exactement, dit Pollard. Il nous faut également construire deux types de composants ou portes, que l'on appellera ET et OU. Les deux portes ont au plus huit signaux d'entrée et un signal de sortie. La sortie de ET a la valeur 1 (haute densité) si toutes ses entrées sont 1 ; sinon, elle a la valeur 0 (faible densité). La sortie de OU a une valeur de 1 (haute densité) si au moins une de ses entrées est 1 ; sinon elle a une valeur de 0 (faible densité).

« Supposons, par exemple, qu'il n'y ait que quatre signaux, A, B, C et D. Nous pourrions entrer A et B dans un ET, A et C dans un deuxième, A et D dans un troisième, B et C dans un quatrième, B et D dans un cinquième, et C et D dans un sixième. Les sorties de ces portes iraient alors dans une grosse porte OU. Cela servirait à détecter de multiples signaux “marche”, parce que si plus d'un signal était de valeur 1, cela signifierait qu'une des portes ET a reçu deux entrées de valeur 1. La sortie de la porte aurait donc la valeur 1, comme la porte OU. Une sortie d'une valeur 1 nous indique que plus d'un signal “marche” a été reçu ; une sortie d'une valeur 0 nous dit qu'un signal “marche” au plus a été reçu.

« Mais, avec les données de départ, pour utiliser la méthode consistant à comparer toutes les paires possibles, il faudrait près de 140 portes ET et OU. Nous aimerions pouvoir le faire avec un dixième de ce nombre, c'est-à-dire 14. En outre, chacun des signaux partant vers les moteurs ne peuvent être des entrées qu'à 20 portes au plus du circuit de contrôle.

— Joli problème, dit Ecco. M'accorderez-vous une journée pour y réfléchir ? J'ai l'impression que l'on devrait arriver, en reformulant le problème avec les quatre entrées, à une solution qui pourrait être prometteuse. »

En revenant le lendemain, Pollard trouva Ecco plongé dans la rubrique d'échecs du journal. Il avait le sourcil froncé. « Même vous, vous avez eu du mal à résoudre ce problème, n'est-ce pas ? dit Pollard, déprimé.

— Non, tout va bien, cher monsieur Pollard. C'est cette partie d'échecs qui me rend perplexe. Comment les blancs ont-il pu prendre ce pion noir alors que le piège était aussi évident ?

— Vous avez donc résolu le problème ?

— A un détail près, dit malicieusement Ecco en tendant le diagramme du circuit à Pollard. Qu'est-ce que vous allez faire de la porte en excédent ? Treize suffisent amplement pour faire la tâche que vous m'avez confiée. »

Quelle est la solution des treize portes ? Souvenez-vous que chaque porte OU ou ET ne peut recevoir que huit entrées. ***(Solution p. 161-162.)***

Ecco se souvint du carnet que je lisais. « Galois lui-même aurait peut-être été satisfait de cette solution. »

5

DÉFENSEURS BAVARDS

Ceux qui renoncent à la violence ont
intérêt à avoir de puissants amis.
(Les Carnets d'Ecco, « Vérités cyniques ».)

Un jour, Ecco vint m'ouvrir la porte avec, dans la main gauche, un gros livre relié intitulé *La Stratégie de défense suisse.*

Devinant ma surprise, il s'expliqua : « Dans quelques minutes, professeur, nous allons recevoir la visite d'un certain général Lange qui appartient à l'armée suisse. Comme vous le savez, voilà plusieurs siècles que la Suisse n'a pas été en guerre. Cela tient en partie au fait qu'elle conserve une neutralité très stricte en affaires internationales. L'autre raison est que c'est un peuple qui est tout sauf pacifique.

« La conscription y est obligatoire et l'entraînement extrêmement dur. Leurs montagnes sont de véritables arsenaux. D'aucuns prétendent qu'ils y ont même aménagé des terrains d'aviation. Leurs soldats sont entraînés pour se battre en brigades autonomes. Le général Lange est le responsable des communications entre ces brigades. »

Notre visiteur arriva quelques minutes plus tard. Petit mais râblé, le dos bien droit, il avait le physique de l'emploi. « Chacune de nos brigades se compose de seize postes d'observation. En cas d'attaque, chaque poste d'observation voudra connaître la taille des forces ennemies attaquant les autres postes. Chaque poste peut déterminer la taille des forces ennemies qui l'attaquent directement. Le problème est donc de communiquer le renseignement. Chaque poste peut entrer en liaison avec un autre en une minute. (Les conversations sont courtes, mais les procédures de mise en communication prennent du temps.) Si deux postes se parlent, chacun apprend tout ce que sait l'autre. Dans quel ordre pouvons-nous organiser les appels de chaque poste, de sorte que chaque poste soit au courant des attaques visant les autres le plus vite possible ?

— C'est assez facile à faire en quatre minutes », dis-je, en expliquant comment.

(1) Comment les postes peuvent-ils être mis au courant de toutes les attaques en quatre minutes ? *(Solution p. 162-163.)*

Le général écouta mon explication en ayant l'air de déjà connaître la réponse. « Professeur, nous aimerions réduire le temps nécessaire à trois minutes. Pouvons-nous y parvenir en réduisant nos positions de défense à dix postes ?

— Certainement pas », dis-je, étayant mon affirmation avec un argument fondé sur l'échange d'information.

(2) Trouvez un argument convaincant. *(Solutions p. 163.)*

« Je comprends votre raisonnement, professeur. L'un de nos mathématiciens a fait une déclaration étonnante. Il affirme qu'avec dix postes de défense, la communication prendra en fait cinq minutes au lieu des quatre nécessaires avec seize postes. Est-ce possible ? »

Je dus avoir l'air perplexe, car le regard du général se porta aussitôt sur Ecco qui était pâle. « Il se fait tard. Reprenons le problème après le dîner, mon général, vous aurez votre solution à la fin du repas. Soit je vous donnerai un protocole sur le modèle de celui du professeur, soit je vous donnerai la preuve que cinq minutes sont nécessaires. »

(3) Quelle a dû être la réponse d'Ecco ? *(Solution p. 163.)*

« Le plus remarquable dans ce problème, c'est que dans certains cas, cela prend plus longtemps quand les postes sont moins nombreux, dit Ecco après le départ du général. Quel est l'exemple le plus simple auquel vous pourriez songer, professeur ? »

(4) Essayez de le trouver.

6

ÉQUILIBRES PRÉCAIRES

« Comment expliquez-vous ce désir presque universel qu'ont les êtres humains de concevoir quelque chose ? » demanda Ecco pour la forme.

« N'avez-vous pas tendance à vouloir généraliser vos propres inclinations ?

— Peut-être, mais songez à cela. Pendant la plus grande partie de l'histoire humaine, la tradition et le labeur ont eu un rôle bien plus important que la conception. Pourtant, à en juger par ses manifestations modernes, la conception, ou le *design* comme on dit, doit jouer un rôle crucial dans le plaisir que l'on prend à vivre. Nous croulons sous les produits du *design* : publicités, gadgets et mode.

— Mais tant de ces choses sont frivoles, protestai-je.

— Exact, mais pensez à l'énergie créatrice que l'on y dépense.

— Ces spéculations ont-elles un rapport avec vos recherches ?

— Pragmatique, comme d'habitude, n'est-ce pas, professeur ? Que le *design* soit bon ou mauvais, il est sans aucun doute répandu.

— Certes.

— Eh bien, tout ce qui est répandu doit avoir une explication naturelle. La plupart des biochimistes pensent qu'il n'est pas nécessaire d'expliquer la créativité et le désir de concevoir par une théorie cellulaire du cerveau, mais je ne suis pas d'accord. La graine doit être présente dans le plus petit neurone. »

Ecco sombra dans la rêverie et se mit à jeter des notes sur son carnet. Il écrivait encore quand le téléphone se mit à sonner.

« Allo, dit Ecco. Ah ! Richard, comment vas-tu ? Effectivement, nous ne nous sommes pas vus depuis l'époque où tu étais à l'école d'architecture. Tu as fait une sacrée carrière... Oh ! mais j'ai mes sources. Bien sûr, je serais ravi de t'aider à résoudre ton problème. »

Richard Hackett arriva dans la demi-heure. La trentaine, c'était un homme grand à lunettes, qui se tenait très droit. Il tenait à la main le plan de la prochaine station spatiale. Ecco se leva pour l'accueillir.

« Le problème concerne le poids des étriers. Nous devons nous assurer qu'ils sont les plus légers possible, parce que nous devons tous les transporter dans l'espace. Dix-huit fabricants nous ont soumis chacun un échantillon de dix étriers identiques. Nous devons déterminer lequel contient les étriers les plus légers.

— Tu n'as pas vraiment besoin de mon aide pour cela.

— Normalement, je serais d'accord. Mais pour des raisons politiques, je suis censé trouver la solution en utilisant les huit balances du service des Poids et Mesures. Chaque balance peut comparer deux étriers à la fois.

— Vous allez donc comparer l'étrier du fabricant X à l'étrier du fabricant Y dans une balance. Si le plateau portant l'étrier de X s'abaisse, X est éliminé. C'est bien ça ? demandai-je.

— Exactement, dit Hackett. L'ennui, c'est que le service n'accorde que trente minutes à mon personnel pour se servir de ses huit balances. Il faut quinze minutes pour installer et nettoyer l'équipement. Il faut ensuite quatre minutes pour équilibrer convenablement les deux étriers. Nous avons donc seulement le temps de faire trois séries de pesées simultanées avec une minute de battement pour décider quelle balance utiliser pour quel étrier dans la prochaine série. Est-ce possible, et si oui, comment ? »

(1) Quelle stratégie emploieriez-vous pour savoir quel fabricant propose l'étrier le plus léger ? Souvenez-vous que vous avez de nombreux exemplaires de chaque étrier. Souvenez-vous aussi que vous ne pouvez comparer qu'un étrier à un autre par pesée. *(Solution p. 163-164.)*

Après qu'Ecco lui eut expliqué sa solution, Hackett parut réfléchir. « Pourrais-je comparer les étriers de plus de dix-huit fabricants en même temps ? »

(2) Quel est le nombre maximum de fabricants que l'on peut traiter en une demi-heure ? Essayez de démontrer votre réponse. *(Solution p. 164.)*

Hackett nous remercia, et Ecco le raccompagna à la porte. « Bonne chance pour ton plan, Richard. La prochaine génération va t'admirer comme un pionnier. »

CHAPITRE

4

POLLUEURS, PRÉTENDANTS ET TIGRES

1

Entrepôts et tonneaux

Ecco était d'humeur taquine : « Les universités se repaissent de complexité. Mais la complexité ne conduit pas à la nouveauté, seulement à l'unicité. Je ne suis pas un spécialiste des affaires, mais jetez donc un coup d'œil sur cet article. »

En voici le texte : « L'homme qui a lancé *Fly-by-Night* [vol de nuit], ce service de livraison du courrier du jour au lendemain qui connaît un succès époustouflant, avait exposé son idée dans un mémoire au Green College. Le principe était le suivant : les avions se rendaient dans une ville au centre des États-Unis, St. Louis, par exemple. Les paquets y étaient alors transférés dans d'autres avions, et les premiers avions repartaient vers leur point de départ chargés de paquets destinés à ces villes. Son professeur lui avait donné un A. Le jeune homme vient juste de fonder la chaire de *Fly-by-Night* à Green College. »

« Pourtant, le professeur avait raison en termes de critères universitaires, reprit Ecco. L'idée n'était pas compliquée, et le raisonnement de l'étudiant n'était pas approfondi. Il a eu une bonne idée, c'est tout.

— Le professeur a donc commis une erreur. »

Ecco avait dû déceler la trace d'agacement dans ma voix. « Oh, je suis désolé ! Peut-être cela n'arrive-t-il pas souvent, mais vous devez avouer que ce n'est pas si surprenant, n'est-ce pas ?

« Quoi qu'il en soit, continua-t-il en souriant, j'évoque cette question parce que notre client du jour a un problème de cet ordre — avec des matières toxiques. M. Barin de l'Universal Chemicals devrait vous plaire. Il se définit lui-même comme un responsable du "transport furtif". Je me demande bien ce qu'il veut dire par là. »

Peu après cette conversation, un homme corpulent mais

énergique nous expliquait son problème. « Nous avons huit entrepôts de produits chimiques toxiques. Chaque entrepôt renferme huit tonneaux, contenant chacun un produit chimique. Pour simplifier, nous appellerons les produits chimiques *c1, c2, c3, c4, c5, c6, c7* et *c8*, et les entrepôts *e1, e2, e3*, etc. jusqu'à *e8*. En soi, les produits chimiques ne sont pas toxiques, mais ils le deviennent s'ils sont mélangés à d'autres. Nous voulons ranger les tonneaux de sorte que tous ceux qui contiennent du *c1* soient réunis dans l'entrepôt *e1*, les tonneaux de *c2* dans l'entrepôt *e2*, etc.

« Nous avons décidé de nous servir de camions pour procéder à cette réorganisation. Chaque camion peut effectuer un aller-retour entre deux entrepôts en une journée, à raison de quatre tonneaux par voyage. Pour des raisons de sécurité et pour éviter d'éveiller la curiosité de la presse, nous avons l'intention d'utiliser des camions ordinaires qui seront néanmoins équipés de huit essieux et d'un compartiment renforcé.

— Huit essieux seulement ! dit Ecco. Permettez-moi de résumer pour voir si j'ai bien compris. En tout, on a huit produits chimiques différents. Chaque entrepôt contient un spécimen de chacun. Vous voulez réunir les huit tonneaux d'un même produit chimique dans un même entrepôt. En une journée, chaque camion ne peut échanger que quatre tonneaux entre deux entrepôts.

— Exactement, dit Barin. Nous envisageons de nous servir d'un seul camion pour ce transport, toujours pour des raisons de sécurité, et également pour éviter toute publicité. Dans ce cas, quelle est la méthode la plus rapide et combien de temps prendrait-elle ? »

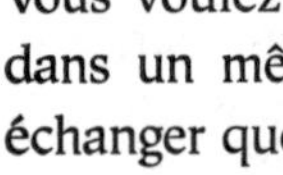

(1) Quelle est la réponse d'Ecco ? (Solution p. 164-165.)

Mais Barin n'était pas satisfait. « C'est un peu trop long. Je suis sûr que la presse va nous fondre dessus. Mettons que nous soyons disposés à louer plusieurs camions, mais à condition qu'un seul camion puisse se rendre dans un entrepôt donné un jour ou un autre. En d'autres termes, chaque entrepôt ne peut participer qu'à un échange.

— Cela prendrait trois jours. Voici la méthode. »

(2) Proposez une méthode. (Solution p. 165.)

« Êtes-vous sûr de ne pas pouvoir faire mieux, Docteur Ecco ?

— Certain. Si un entrepôt ne peut participer qu'à un échange par jour, trois jours est le mieux que l'on puisse faire. »

(3) Démontrez que trois jours est le temps le plus court possible pour cette opération. (Solution p. 165.)

2

LA SOIRÉE

« Il est très inhabituel de recevoir un télégramme de nos jours, dit Ecco en ouvrant l'enveloppe. Et sa teneur est encore plus inhabituelle. Qu'en pensez-vous, professeur ? »

Voici le texte du télégramme :

Dr Ecco ai besoin votre aide pour énigme stop pense issue de la mythologie grecque stop vous rendrai visite demain après-midi.

« Vous êtes un amateur éclairé de mythologie grecque, n'est-ce pas ? dis-je en montrant une rangée de livres.

— Un amateur, c'est le mot. Mais, à en juger par le ton de ce télégramme, j'en sais peut-être plus long que notre client, qui doit d'ailleurs être en train de sonner à la porte. »

Notre visiteur était un jeune homme qui avait une allure très athlétique avec son polo et son visage bronzé. Après les présentations, il exposa son problème.

« La femme que j'aime étudie la littérature grecque. Elle a parfois d'étranges exigences. La dernière en date est de me demander de résoudre une énigme adaptée de ses recherches. Elle m'épousera si je peux répondre à trois questions. Acceptez-vous de m'écouter ?

— Bien sûr. Allez-y.

— Cela se passe à une soirée. Tous les invités ont serré la main de trois des autres invités, sauf un qui n'a serré la main qu'à une personne.

« Ce sont là toutes les informations que vous aurez, Dr Ecco. Voici les trois questions :

« 1. Quel est le plus petit nombre possible de gens qui pourraient assister à cette soirée ?

« 2. Pourrait-il y avoir vingt et un invités à cette soirée ?

« 3. Peut-on dégager un schéma général pour déterminer le nombre de gens qui pourraient assister à cette soirée ? »

Pouvez-vous répondre à ces questions ? (Solutions p. 165-166.)

Il fallut près d'une journée à Ecco pour répondre aux trois questions. « Le secret, dit-il quand il rappela son client, est de se souvenir que serrer la main de quelqu'un implique une symétrie. Si X serre la main de Y, Y serre la main de X. »

Le jeune homme nota les réponses, remit un chèque à Ecco et prit congé.

« Pourquoi la jeune femme mentirait-elle à son ami au sujet de l'origine de l'énigme ? dit alors Ecco. Les questions sont difficiles, certes, mais elles ne sont pas dans le style de la mythologie grecque. »

Ecco réfléchit plusieurs minutes. « Mais bien sûr... l'oracle de Delphes posait souvent des questions auxquelles on n'était pas censé répondre. Y réfléchir aidait celui qui les entendait. Notre jeune ami était censé échouer. Dans sa tentative, il devait se rendre compte qu'il n'était pas fait pour elle. Voilà le lien entre ces questions et les énigmes mythologiques. Ah ! professeur, ai-je commis une erreur ?

— Vous aurez au moins donné une leçon à cette jeune femme. Les choses ont changé au cours des trois derniers millénaires, et elle devrait le savoir. Les Grecs n'avaient pas d'omniheuristes sous la main ! »

3
DÉCODAGE

La clientèle d'Ecco était surtout constituée d'excentriques, d'avocats et d'espions quand, par une superbe journée de mai, un chasseur de trésors vint s'ajouter à la liste.

« Un jeune homme avec un fort accent de Virginie m'a appelé pour me demander de l'aide, m'expliqua Ecco. Il participe apparemment à une chasse au trésor organisée par une maison de vente par correspondance au nom prédestiné : *Mieux vaut être riche.*

« J'ai demandé à cette maison de me faire parvenir sa brochure. Elle reste un peu dans le vague quant à la nature de ce trésor, mais exhorte les participants à avoir foi en l'avenir : "Nous ne sommes pas devenus riches par hasard. Nous savons ce que nous faisons."

— Peut-être. Mais leur activité profite-t-elle aux chasseurs de trésors ?

— C'est bien là la question. Je savais que vous étiez un bon juge de la nature humaine. »

La sonnette retentit. Un homme vêtu d'une veste en jeans, d'une chemise ouverte et d'un pantalon usagé fit son entrée. « Ben, me v'là. Mon nom c'est Jack Hanson, dit-il en tendant la main. J'espère bien que vous allez pouvoir m'aider, m'sieu. J'ai été le premier à trouver l'indice près du marché. C'était au fond d'une ruelle dans un quartier complètement pourri. Je l'ai recopié aussi exactement que j'ai pu, mais j'arrive pas à le comprendre. Vous croyez que vous pouvez m'aider ? Il faut vraiment que je trouve ce trésor. C'est mon seul moyen de rentrer chez moi pour tirer ma petite amie des griffes de son obsédé du fric de père. »

Le jeune homme tendit la feuille à Ecco :

> Lmkzway-wkzn e he qajalma b'kdnamwelskj nzb bz Xkmhb Lmeba Cajlam e bsv razman hzjbs ielsj. Dmeozay lahanckpa nzm Ahhsn Snhejb. Cramcray delaez ewac wkhha dhaza. Bamjsam ianneta ckba nzm pewshhkj bz delaez.

Je guettai la réaction d'Ecco. Peut-être s'agissait-il du même code que celui qui avait été utilisé dans les mystérieuses lettres qu'il avait reçues.

« Le décodage va peut-être vous prendre du temps », dis-je.

Ecco étudia le message pendant un moment. « Je vais commencer par chercher un code de substitution simple (un code selon lequel chaque lettre du message codé correspond à une lettre dans le texte normal), car ce sont les plus simples à inventer et à déchiffrer. La longueur des mots semble confirmer cette hypothèse. »

Hanson paraissait très impatient. Il arpentait la pièce de long en large, prenait des livres pour les reposer aussitôt, avec force soupirs d'exaspération. Il finit par annoncer qu'il n'avait pas fermé l'œil depuis des jours et qu'il reviendrait le lendemain matin.

« C'est cela, nous dit Ecco. Revenez donc tous les deux vers 11 heures demain matin, je devrais avoir réussi à décoder ce message d'ici là. »

Je revins chez Ecco à l'heure dite. Son client était déjà là.

« Vous m'avez l'air d'un homme à aimer les sommets, monsieur Hanson. Du moins, je l'espère pour vous, lui dit Ecco en lui remettant le message décrypté. Je vous verrai dans un jour ou deux. »

(1) Que dit le message décrypté ? *(Solution p. 167.)*

« Ce code s'applique-t-il au mystérieux message trouvé à notre retour des gorges de la Columbia ?

— Non. Appliquer le nouveau code aux autres messages ne donne rien. Ce code-là donne l'impression que les organisateurs du concours s'amusent tout simplement. »

Comme l'avait prédit Ecco, Hanson revint le lendemain avec une nouvelle feuille sur laquelle figuraient seulement deux mots :

Ecralay SDI.

(2) Quel est le message décodé ? *(Solution p. 167.)*

Ecco tenta de maîtriser un ricanement quand il tendit la réponse à Hanson. Il savait qu'elle ne ferait pas plaisir au jeune homme.

Hanson eut l'air atterré. Il se mit à arpenter la pièce en marmonnant un discours complètement inintelligible, où l'on distinguait néanmoins le mot « escroc ». Ecco tenta de le réconforter.

« Je suis désolé, monsieur Hanson. Mais on ne sait jamais. Peut-être les organisateurs de cette chasse au trésor ont-ils des informations de première main. »

4

INVENTION DE CODE

« Dites-moi, professeur, me dit Ecco un mercredi où j'arrivais à midi. Que savez-vous du morse ?

— Pas grand-chose. A une époque, j'étais capable de taper cinq mots à la minute, mais je n'ai pas continué.

— Moi non plus. Mon propriétaire n'aurait pas apprécié de voir une antenne de radioamateur s'ajouter à la forêt métallique qui encombre déjà son toit. Mais je connais un peu la vie de Samuel Morse. Il était anglophile peu après la révolution américaine, et peintre, d'ailleurs de grand talent. Et bien sûr, c'était un inventeur. Il a inventé le télégraphe et le code. Au départ, il destinait son code aux gouvernements pour transmettre des messages secrets. Mais c'est devenu un moyen de communication universel. Connaissant l'identité de notre prochain client, j'ai le sentiment que nous allons être plus proches de l'intention initiale de Morse. »

On frappa à la porte et le client entra. Il portait un costume gris, une chemise blanche et une cravate bourgogne. Une élégance classique.

Je n'eus pas l'air de lui plaire. « Franchement, docteur Ecco, je dois vous demander de m'entretenir seul à seul avec vous. C'est une affaire de la plus haute importance.

— Sottise, dit Ecco. Le professeur est un citoyen aussi digne de confiance que moi. Quant au problème de sécurité, je présume que vous n'aviez pas l'intention de me livrer la signification des sept mots codés dont vous m'avez parlé, n'est-ce pas ?

— Effectivement, admit-il, vous avez raison. Je suppose que cela n'a pas d'importance. La situation est la suivante, poursuivit notre visiteur que l'on ne m'avait toujours pas présenté. On a sept mots codés que nous appellerons A, B, C, D, E, F et G. Ces mots codés apparaissent à des fréquences différentes : A apparaît en moyenne 10 fois sur 100 ; B, 20 fois sur 100 ; C, 9 fois sur 100 ; D, 31 fois sur 100 ; E, 7 fois sur 100 ; F, 4 fois sur 100 ; et G, 19 fois sur 100. Tous nos messages doivent être transmis sous la forme de points et de traits, mais contrairement au morse, qui marque une pause entre chaque lettre, nous voulons que ces mots codés soient envoyés sans interruption. Nous estimons que non seulement cela ira plus vite, mais aussi que l'ennemi aura ainsi plus de mal à les décrypter.

« Pour éviter tout problème technique, ces mots codés seront transmis et reçus par des opérateurs humains et par une machine. Les gens entraînés peuvent envoyer des points sans se tromper au rythme de deux par seconde, y compris le silence avant le point ou le trait suivant. Pour les traits, c'est plus lent, de l'ordre d'un seul par seconde.

« Nous voudrions que vous conceviez un code pour chacun des sept mots codés de sorte que la transmission du message moyen de cent mots codés n'excède pas cent quatre-vingt-dix secondes et soit sans ambiguïté.

— Qu'entendez-vous par là ? » demandai-je.

Ecco sourit : « Supposez que le code pour E soit un point et que le code pour F soit deux points ; deux points à la suite pourraient être soit deux E, soit un F. »

J'acquiesçai. Il était impératif qu'il n'y ait qu'une interprétation possible des points et des traits.

« Nous avons réussi à fabriquer un code, poursuivit le client d'Ecco, mais il ne répond pas à notre objectif. Franchement, je ne crois pas que cela soit faisable. Laissez-moi vous expliquer mon raisonnement. Il faut manifestement que D soit le plus court possible parce que c'est lui qui revient le plus souvent, et nous le représentons donc juste par un point. Cela signifie que les six autres mots codés doivent commencer par un trait, sinon le point pourrait représenter soit le début d'un mot, soit un D. Le B vient en deuxième position et devient donc trait point. En continuant dans cet esprit, le G devient trait, trait, point ; le A, trait, trait, trait, point ; le C, trait, trait, trait, trait, point, le E, trait, trait, trait, trait, trait, point, et le F, trait, trait, trait, trait, trait,

trait, point. En admettant que l'on envoie cent mots codés, il faudrait 31 × 0,5 secondes pour les D ; 20 × 1,5 pour les B, etc. Cela nous donne (31 × 0,5) + (20 × 1,5) + (19 × 2,5) + (10 × 3,5) + (9 × 4,5) + (7 × 5,5) + (4 × 6,5). Ce qui nous fait un total de 233 secondes. »

Ecco se tourna vers notre hôte. « Asseyez-vous, je vous en prie. On devrait pouvoir trouver une meilleure solution, bien qu'il faille peut-être que D soit un peu plus long. Je suis sûr que le professeur Scarlet vous pardonnera votre méfiance initiale, si vous acceptez de disputer une partie d'échecs avec lui. Pendant ce temps, je vais travailler à votre problème. »

Pouvez-vous concevoir un code répondant aux conditions imposées par le client d'Ecco ? (Solution p. 167-168.)

Quand Ecco lui tendit la solution, le client hocha la tête en souriant. C'était la première fois de la journée que je le voyais se détendre (je l'avais écrasé aux échecs). Tout à fait entre nous, pensez-vous qu'il soit sage de notre part d'exiger un code sans interruptions ? demanda-t-il.

— Si vous voulez la vérité, monsieur, non.

— Pourquoi ?

— Il suffirait que votre interlocuteur rate un seul point pour qu'il interprète mal le reste du message. Avec des pauses, on limite au moins les dégâts à un seul mot codé. Peut-être est-il alors possible de le comprendre grâce au contexte. »

L'homme fut déçu par cette réponse, mais il ne voulut pas prendre la peine d'écouter la solution qu'Ecco devait avoir en réserve.

5

DÉFAILLANCES D'ENGINS SPATIAUX

Tout être différent de moi est
à mes yeux un méchant en puissance.
(Les Carnets d'Ecco, « Les Sources des préjugés ».)

« On raconte que les intrigues de cour naissaient des mensonges de certains à propos d'autres gens, de mensonges à propos d'autres mensonges, etc., me dit Ecco un jour. Les intrigants étaient toujours à l'affût d'un bouc émissaire qui se révélait chaque fois être celui qui avait le moins de pouvoir, sinon toujours le moins de moralité. Certains érudits disent que le principal rôle du bouffon était de révéler ces intrigues au monarque.

« Il semble que les unités de nos sondes spatiales ont leurs propres intrigues. Quand une unité a une défaillance, certaines des autres sont censées l'accuser de mal se conduire. S'il n'y a qu'une accusée, c'est probablement mauvais. Mais si plusieurs sont accusées, le contrôle au sol doit alors déterminer lesquelles sont défaillantes. C'est du moins tout ce que j'ai pu conclure de la conversation téléphonique que je viens d'avoir avec le docteur Bugunter qui devrait arriver d'une minute à l'autre. »

Le Dr Bugunter était un homme d'une quarantaine d'années avec des verres épais comme des loupes et une moustache en désordre. Il avait un petit air mystérieux. En soi, l'existence d'une sonde spatiale était un secret, nous dit-il. Ses instruments étaient aussi classés top secret, même si ceux qui posaient problème concernaient davantage le contrôle du vol que l'expérience elle-même.

« Dans un souci de sécurité, on multiplie les fonctions de contrôle des unités de nos vaisseaux spatiaux, nous expliqua le docteur Bugunter. Comme nous avons besoin de savoir quand une unité a une défaillance, diverses unités en vérifient d'autres. Notre vaisseau spatial a décollé il y a plusieurs jours, et des défaillances sont apparues.

« Les unités sont tellement fiables que nous serions très surpris que plus d'une soit défaillante. Comme avec plus de deux unités défaillantes, nous perdrions la sonde, nous partirons du principe que deux au plus sont défaillantes.

« Chaque unité en contrôle au moins deux autres. Une bonne unité donne un diagnostic exact de l'unité qu'elle contrôle. Par exemple, si l'unité X fonctionne bien et qu'elle rapporte que Y est défaillante et que Z fonctionne bien, c'est bien le cas. Toutefois, une mauvaise unité n'est pas fiable. Donc, si l'unité X est défaillante et fait les mêmes affirmations, alors Y ne fonctionne pas forcément bien et Z non plus.

« Nous nous adressons à vous, docteur Ecco, pour que vous nous aidiez à savoir si une ou plusieurs unités sont défaillantes, et si oui, lesquelles. Voici les informations transmises par chaque unité. Dans la terminologie utilisée pour la détection de défaillances, on appelle ces affirmations, le syndrome.

« A dit que C est défaillante ; B dit que A est défaillante mais que C fonctionne bien ; C dit que D fonctionne bien mais que E est défaillante ; D dit que F fonctionne bien ; E dit que C est défaillante mais que F fonctionne bien ; et F dit que B est défaillante.

« Est-il possible qu'une seule unité soit défaillante ? Si tel est le cas, laquelle ?

— Non, dit Ecco après un instant de réflexion. Il doit y avoir plus d'une unité défaillante. »

(1) Comment Ecco le sait-il ? (Solution p. 168.)

Cette réponse découragea le docteur Bugunter. « Serait-il possible que deux unités soient défaillantes et, auquel cas, lesquelles ? »

— Deux unités pourraient expliquer votre syndrome, docteur Bugunter. Si deux unités sont défaillantes, il s'agit des... »

(2) Quelles unités sont défaillantes ? Comment le savez-vous ? (Solution p. 168.)

« Parfait, dit le docteur Bugunter. Nous allons essayer de débrancher ces deux-là. Si cela ne marche pas, je vais me retrouver au chômage. »

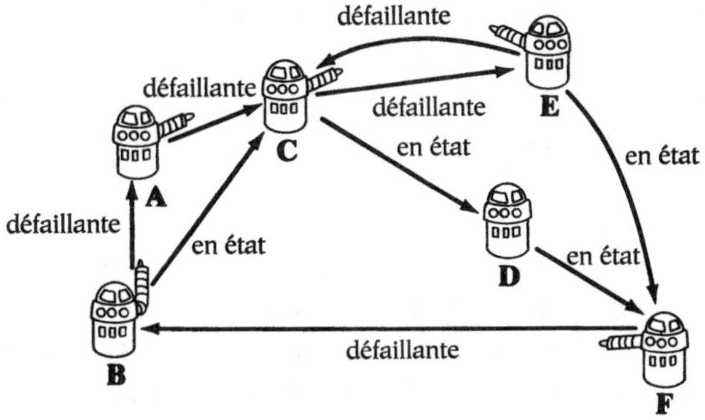

Figure 8 : Un syndrome de vaisseau spatial.

6

LE TIGRE EN FUITE

Je devais aller en Inde pour présenter une communication à un congrès. Quand je mis Ecco au courant, il se proposa de m'accompagner.

Ecco ne s'intéressait que moyennement au congrès, mais il était très intéressé par le Tāj Mahal, construit entre 1632 et 1654 près d'Agra.

« Peu de monuments dans le monde sont le fruit d'une réflexion aussi poussée. Pour vous donner un exemple, les minarets sont édifiés de telle sorte que s'ils devaient s'effondrer, ils ne pourraient pas tomber sur le splendide dôme central », m'expliqua Ecco.

Nous arrivâmes à New Delhi quelques jours avant le début de la conférence et Ecco partit aussitôt pour Agra, dédaignant les monuments pourtant non dénués d'intérêt de la capitale. Il passa ses journées à examiner le Tāj sous tous les angles possibles. Il l'observa surtout de l'arrière, du côté du fleuve.

« L'abstraction géométrique de base est le cercle, m'expliqua-t-il à son retour à Delhi. Cela impose une symétrie qui devrait nuire à la beauté délicate des sculptures de marbre, mais cela n'est jamais le cas.

« La construction du Tāj Mahal a été si coûteuse que lorsque l'empereur moghol Chāh Djahān a conçu le projet d'en construire un second en marbre noir sur la rive opposée, son fils a craint que cela ne cause la faillite de l'État. Le fils a fait mettre le père aux arrêts. Chāh Djahān a passé ses dernières années à contempler le Tāj Mahal, tout en sachant que son mausolée noir ne verrait jamais le jour. »

Ecco m'accompagna au congrès le premier jour. Comme d'habitude, il était inscrit sous un faux nom et m'avait interdit de le présenter sous aucun prétexte. Plusieurs communications faisaient allusion à ses travaux, mais dans la moitié des cas seulement pour de bonnes raisons (« allusion défensive », dit Ecco en faisant la grimace).

Le premier jour, à l'heure du déjeuner, nous remarquâmes la présence d'une grande foule et de nombreux policiers à l'extérieur de la salle de restaurant. Un policier gradé entra dans la salle à manger, monta sur l'estrade et fit la déclaration suivante : « Je suis l'inspecteur en chef Singh. Je suis venu vous expliquer les raisons de l'agitation que vous n'avez pas manqué de remarquer devant vos fenêtres. Un tigre de l'espèce la plus féroce s'est échappé d'un zoo et se cache dans un temple désaffecté non loin d'ici. Le zoo ne dispose que de trois gardiens capables de capturer des tigres. Comme vous êtes, Mesdames et Messieurs, des mathématiciens de renommée mondiale, peut-être pourriez-vous nous dire si nos trois gardiens peuvent capturer le tigre en trois heures. Le tigre peut se trouver dans n'importe quelle salle. Il peut s'enfuir de salle en salle pendant qu'ils le cherchent, mais il ne se réfugiera jamais dans une salle où il y aura un gardien.

« Le temple n'a pas de fenêtres et n'a qu'une seule entrée. Sur ses dix-neuf salles, dix-huit s'ouvrent soit sur une autre salle, soit sur trois autres. La dix-neuvième salle s'ouvre sur deux autres. Il n'y a pas de portes entre les salles. Comme l'obscurité règne à l'intérieur, le tigre n'aura pas de mal à trouver des endroits où se cacher, même si aucune des salles n'est très grande. Il n'y a qu'une façon de passer d'une salle à une autre dans ce temple.

« Comme nous voulons récupérer le tigre vivant et indemne, il n'est pas question d'installer des pièges ou des barrières entre les salles. Le temple est suffisamment petit pour que le passage d'une salle à une autre se fasse en un clin d'œil. Fouiller une salle à fond prend vingt minutes. Si un gardien trouve le tigre, il peut utiliser son pistolet hypodermique. Il ne faut pas perdre de temps, car le tigre peut s'échapper en creusant un passage dans les murs du temple en trois heures. »

La pièce bourdonna aussitôt d'activité.

« Connaissez-vous le plan du temple ? demanda un mathématicien.

— Oui, monsieur. Je vais essayer de vous en faire un schéma. »

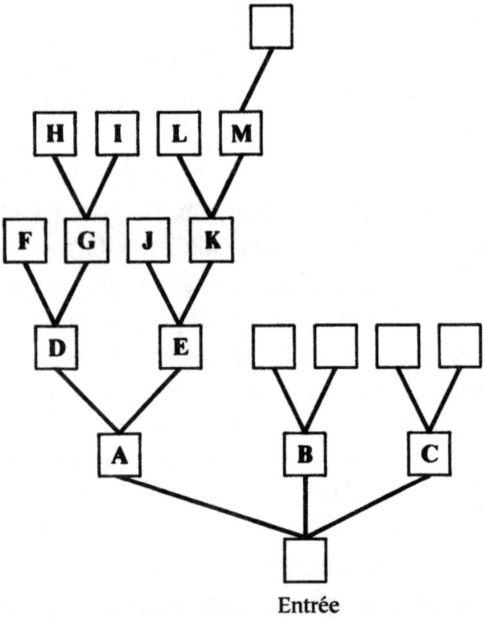

Figure 9 : Le schéma du temple de l'inspecteur Singh.

L'inspecteur dessina un plan avec une salle d'entrée munie de trois passages vers d'autres salles que nous appellerons A, B et C. B et C mènent chacune à deux autres salles, qui sont des culs-de-sac. A conduit à deux autres salles, D et E. D mène à F, qui est un cul-de-sac, et à G qui conduit à H et I, deux culs-de-sac. E mène à J, qui est un cul-de-sac et à K. K ouvre sur L, qui est un cul-de-sac, et sur M. M ouvre sur une autre salle qui est un cul-de-sac.

« Il est impératif qu'à aucun moment, le tigre ne puisse avoir la voie libre pour rejoindre l'entrée », précisa l'inspecteur.

Au bout de quelques minutes, Ecco alla remettre une feuille de papier à l'inspecteur qui attendait sur l'estrade. Ce dernier examina la proposition, éclaircit deux ou trois points avec Ecco, lui serra la main et le remercia chaleureusement. Ecco sortit alors de la pièce.

« Mesdames et Messieurs, je vous remercie. Votre collègue a résolu le problème ; il ne faudra qu'environ deux heures et vingt minutes à nos hommes pour capturer le tigre. Votre collègue est sorti sans me laisser le temps de lui demander son nom. Bonne journée à vous tous. »

(1) Comment peut-on retrouver le tigre aussi vite ? ***(Solution p. 168-169.)***

(2) Le temps d'Ecco est-il le meilleur ? ***(Solution p. 169.)***

« Qu'auriez-vous fait, demandai-je à Ecco en le retrouvant ce soir-là, si l'inspecteur Singh n'avait pas pu dessiner un plan ? Supposez qu'il vous ait dit que l'entrée s'ouvrait sur trois autres salles ; qu'il y avait dix-neuf salles en tout ; et que chaque salle s'ouvrait soit sur trois autres, soit sur une seule, à l'exception d'une qui s'ouvrait sur deux ?

— Avec une seule façon de passer d'une salle dans une autre, ajouta Ecco. Je ne suis pas du tout sûr que je puisse le faire aussi vite. Supposons que le tigre ne puisse pas s'échapper en creusant un trou. »

(3) Pouvez-vous suggérer un plan aux trois gardiens qui leur permettra de capturer le tigre dans ces conditions ? ***(Solution p. 169-170.)***

Dans l'avion du retour, Ecco et moi n'étions pas assis l'un à côté de l'autre. Ecco avait pour voisin un jeune homme en complet-veston. J'entendis Ecco dire, en réponse aux questions du jeune homme, qu'il était allé en Inde pour faire du tourisme. Quand Ecco lui posa la question à son tour, le jeune homme se contenta de répondre : « Oh ! une visite, seulement. »

Plusieurs heures plus tard, Ecco me tira de mon sommeil en me secouant : « Il faut que nous échangions nos places. Cet homme cherche à obtenir quelque chose de moi.

— Comment cela ? Qu'en savez-vous ?

— Il a commencé à me poser des questions sur la combinatoire, puis sur la théorie des catastrophes. Je ne lui avais pas dit qui j'étais, mais je suis sûr qu'il le savait. A l'instant même où les soupçons m'envahissaient, il m'a demandé : “Qui est entré par effraction dans votre appartement pendant votre séjour aux gorges, à votre avis, docteur Ecco ?” »

Je me pinçai pour être sûr que je ne rêvais pas. Ecco hocha la tête : « Scarlet, je lui ai demandé qui il était, et il s'est contenté de sourire. “Vous le saurez quand je jugerai bon de vous le dire.” Ensuite, il n'a plus desserré les dents. »

Je changeai de place avec Ecco, mais le jeune homme avait l'air profondément endormi. A l'atterrissage, il s'évanouit dans la foule. C'est seulement en vidant mon sac de voyage que je découvris une enveloppe. Elle contenait un nouveau message :

Sngfk twkgaf vw ngljw savw, kwmd.

CHAPITRE

5

INDUSTRIELS ET GÉNÉRAUX

1

SPÉCULATIONS

Cette époque est restée dans nos mémoires comme l'année de toutes les folies. Les prix ont grimpé en flèche avant de chuter de manière vertigineuse, pour remonter et rechuter de nouveau. Les marchés, notamment pour les métaux précieux, ont connu des fluctuations tellement démentes que le gouvernement a fini par intervenir pour tenter de calmer le jeu. Ses efforts sont restés vains, puis en l'espace de quelques semaines, le calme est revenu.

On commence seulement à parler du rôle joué par Mark Stanley dans la résolution de la crise. On raconte qu'il a simultanément fait fortune et ramené l'ordre sur le marché. Personne n'ignore que c'est un génie en matière de prises d'options.

On ignore en revanche que Stanley a reçu de l'aide. Le lecteur aura certainement déjà deviné le nom de son bon samaritain.

Avec son costume sombre, sa chemise blanche et sa cravate classique, Stanley était l'incarnation même d'un habitué de Wall Street lorsqu'il entra chez Ecco par cette froide journée de mars. Il nous jeta un regard un peu sceptique, je dois l'avouer.

« Docteur Ecco, comme vous le savez, les marchés nous posent un grave problème. Nous avons tout essayé, mais cela n'a rien donné. Vous êtes notre dernier espoir avant la boule de cristal. Peut-être n'y a-t-il pas de solution.

— Nombre de mes clients étaient désespérés quand ils sont venus me consulter, dit Ecco avec entrain. Exposez votre problème.

— Bien. A cause des spéculations démentes sur le marché de l'or, le gouvernement est intervenu pour essayer de maintenir l'ordre. Sa politique est de fixer le prix de l'or pour un jour donné en achetant ou en vendant de l'or à ce prix selon la demande du marché. Si, un jour donné, le gouvernement vend plus qu'il n'achète, il augmente le prix d'un dollar le lendemain. Si l'offre du gouvernement augmente, il baisse le prix le lendemain. Dans les rares cas où l'offre reste virtuellement la même, le gouvernement ne touche pas au prix.

« Par exemple, si le prix, un jour donné, est de 600 dollars l'once, le lendemain il sera soit de 599 dollars (avec une offre en hausse), soit de 600 dollars (avec une offre stable), soit de 601 dollars (avec une offre en baisse).

« Pendant que le gouvernement réglemente l'offre effective de cette manière, les prix fluctuent encore, en grande partie à cause des activités d'individus connus sous le nom de preneurs d'options.

« Les preneurs d'options vendent une sorte de pari sur le prix de l'or. Avec une "option d'achat", on fait le pari que le prix va monter. Avec une "option de vente", on fait le pari que le prix va baisser. Si vous achetez une option d'achat à un vendeur d'options et que le prix augmente d'un dollar l'once, il vous donne un dollar. Si le prix reste le même ou baisse, le preneur d'options ne vous donne rien. Dans un cas comme dans l'autre, votre option vient à expiration. Une option de vente est exactement l'inverse. Si vous prenez une option de vente et que le prix baisse d'un dollar, le preneur d'options vous donnera un dollar. Si le prix reste le même ou augmente, le preneur d'options ne vous donne rien.

— Combien doit-on payer pour l'un de ces paris ?

— C'est exactement la question que je vous pose.

— Eh bien, il vaudrait mieux que cette somme soit inférieure à un dollar », fis-je observer.

(1) Comment le professeur le sait-il ? (Solution p. 170.)

Ecco et Stanley me regardèrent en souriant. « Effectivement, professeur, vous avez survécu à la première leçon. A présent, les choses se corsent. Ces preneurs d'options ont des intuitions. Notamment vers la fin de la journée.

« Par exemple, un preneur d'options du nom de Noriaty demande soixante cents par jour pour une option d'achat, mais seulement trente cents pour une option de vente. Noriaty a causé de sacrés dégâts sur le marché. Jusqu'ici, il a été le seul preneur d'options. Ses intuitions bizarres et ses prix encore plus étranges ont aggravé les fluctuations. Comme les gens estiment qu'il sait ce qu'il fait, ils sont disposés à acheter ses options les plus chères, quel que soit son prix. Son seul point positif est qu'il vendra toujours à un client autant d'options qu'il voudra au même prix.

« J'aimerais me poser comme un concurrent fort afin de rendre les marchés des options plus rationnels. Je ne vous cacherai pas mes intentions, messieurs. Je veux devenir riche.

— Vraiment ? dit Ecco avec un sourire. Dites-moi, monsieur Stanley, vous pouvez acheter de l'or vous-même, n'est-ce pas ?

— Et aussi le vendre.

— Vous avez également le droit de vendre des options, n'est-ce pas ?

— Oui, j'ai enfin suffisamment de capitaux pour cela.

— Bien ! Dans ce cas, vous pourrez gagner pas mal d'argent aujourd'hui en vendant autant d'options d'achat que possible à cinquante-cinq cents.

— Mais si le prix augmente, je vais perdre quarante-cinq cents par option, dit Stanley. Noriaty ne se trompe pratiquement jamais dans sa fixation des prix.

— Oh ! mais nous pouvons éliminer ce risque par des interactions appropriées avec M. Noriaty et le gouvernement. Voici la stratégie que vous pouvez adopter pour vous garantir un profit sur chaque option d'achat que vous vendrez. »

(2) Quelle est la stratégie d'Ecco ? (Solution p. 171.)

« Remarquable ! s'exclama notre visiteur. Vous venez de démontrer que la possibilité que l'or monte ou baisse n'a rien à voir avec le prix des options. C'est très logique, mais cela va aussi contre l'intuition.

— Non seulement cela, mais si Noriaty faisait payer davantage les options de vente que les options d'achat, vous pourriez de nouveau toucher la différence. »

(3) Décrivez une stratégie au cas où Noriaty fixe le prix des options de vente à soixante cents et celui des options d'achat à trente cents. (Solution p. 171.)

Quelques jours plus tard, Mark Stanley revenait nous voir, plus riche et plus sûr de lui. « Docteur Ecco, Noriaty a perdu un paquet à mon profit l'autre jour. Il a tellement perdu qu'il a augmenté le prix de ses options d'achat et de ses options de vente à soixante cents. Pourtant, les gens lui courent encore après.

— Bien, vendez-en autant que vous pouvez des deux en nombres égaux à, disons, cinquante-cinq cents », suggérai-je.

(4) Pourquoi est-ce une bonne idée ? *(Solution p. 171.)*

Stanley suivit mon conseil et coupa complètement l'herbe sous le pied à Noriaty. Non seulement Stanley devint millionnaire du jour au lendemain, mais il devint un preneur d'options très couru. Pour la presse, il devint « l'homme qui a détrôné Noriaty ».

Il se passa près d'un mois avant que Stanley ne revienne. Ecco ne sembla pas surpris de sa visite.

« Je m'attendais à vous voir, monsieur Stanley », dit Ecco en montrant le journal.

Stanley eut un sourire nerveux. Ses millions ne l'avaient pas empêché de se mettre à fumer. Il paraissait convaincu que sa chance allait tourner.

« Vous êtes au courant, dit Stanley en soupirant. Le gouvernement a l'intention d'augmenter le prix à deux dollars par jour dans une tentative de mieux suivre les tendances à long terme. A en juger par notre expérience, le prix va probablement monter ou chuter neuf jours sur dix, ne restant stable qu'une journée.

« Noriaty cherche à maintenir l'option à soixante cents, me défiant d'augmenter mes prix. Cela va lui permettre de faire un retour sur le marché. Jusqu'ici, ma stratégie a été de vendre autant d'options de vente que d'achat. Puis-je conserver cette stratégie ? Que dois-je faire ?

— Prenez des vacances. Noriaty ne va pas tenir le coup longtemps, je peux vous l'assurer. »

(5) Comment Ecco le sait-il ? *(Solution p. 171.)*

« Mais je ne veux pas mettre la clé sous la porte, dit Stanley.

Comment devrais-je fixer mes prix pour assurer mes arrières tout en restant dans la course ?

(6) Quel est le verdict d'Ecco ? (Le prix que vous donnez doit être sûr quelle que soit la stabilité du prix d'un jour à l'autre.) *(Solution p. 171.)*

Noriaty fut obligé de plier bagage. Une fois que Stanley eut compris le raisonnement d'Ecco, il devint l'un des meilleurs clients de Noriaty.

2

UNE HISTOIRE DE TRAINS

Malgré les rafales de vent en ce jour de février, notre visiteur ne portait qu'un pull léger. Il avait le visage buriné, peut-être le résultat de nombreuses sorties de pêche en hiver sur des lacs glacés. Mais foin de spéculations, l'homme qui venait du Wisconsin était l'ingénieur chef d'une aciérie modeste mais prospère. Il s'appelait Hank Duffy.

Son problème, nous expliqua-t-il, était de transporter du minerai de fer d'une mine à l'usine, distante de cent kilomètres. L'entreprise possédait une seule voie ferrée et un seul train. Le train effectuait le plus d'aller et retour possible.

« Nous transportons le minerai dans un train qui se compose d'une locomotive, de dix-huit wagons de marchandises, et d'un fourgon de queue.

« Nous essayons chaque jour de faire le plus de voyages possible, parce que notre usine tourne à plein régime. En fait, nous venons de faire réviser les huit derniers wagons afin d'approvisionner la nouvelle usine que nous venons de construire. Docteur Ecco, nous aurons besoin de toute la capacité possible une fois que cette nouvelle usine sera ouverte. Il nous faut donc trouver un moyen de faire faire demi-tour à ce train plus long en très peu de temps.

« Permettez-moi de vous donner quelques détails supplémentaires. Chaque wagon peut s'atteler aux autres de chaque côté. Pour le trajet de cent kilomètres, la locomotive doit se trouver en tête et le wagon de queue à sa place. L'ordre des wagons de marchandises n'a pas d'importance. Pour faire demi-tour, la locomotive peut reculer et se retrouver au milieu de wagons de marchandises. Le wagon de queue peut également être entre deux wagons de marchandises, mais seule la locomotive a une puissance motrice.

« A chaque extrémité de la voie se trouve une voie de garage dans laquelle peuvent se ranger treize wagons. Au-delà de la voie de garage, on peut faire tenir trente autres wagons. Je suis sûr que vous devinez comment nous utilisions la voie de garage quand nous n'avions que dix wagons de marchandises. »

(1) Et vous, le pouvez-vous ? (Solution p. 171.)

« En fait, c'est assez simple, dis-je. Il faut conduire le train entier dans la voie de garage. Puis l'en faire sortir à reculons, changer l'aiguillage, et repartir dans l'autre sens.

— Exact, dit notre visiteur.

— Vous avez raté votre vocation, professeur, vous auriez dû être ingénieur des chemins de fer », dit Ecco en souriant.

Je n'étais pas sûr de devoir prendre cela pour un compliment, mais le problème suivant devait se révéler beaucoup plus difficile.

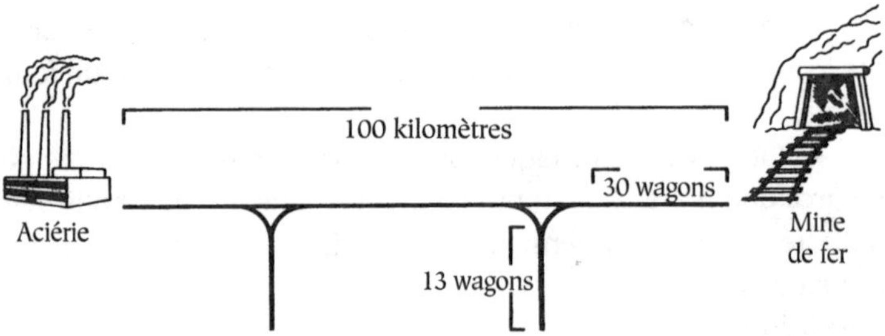

Figure 10 : Une seule voie ferrée avec des voies de garage à chaque extrémité relie l'aciérie et la mine de fer.

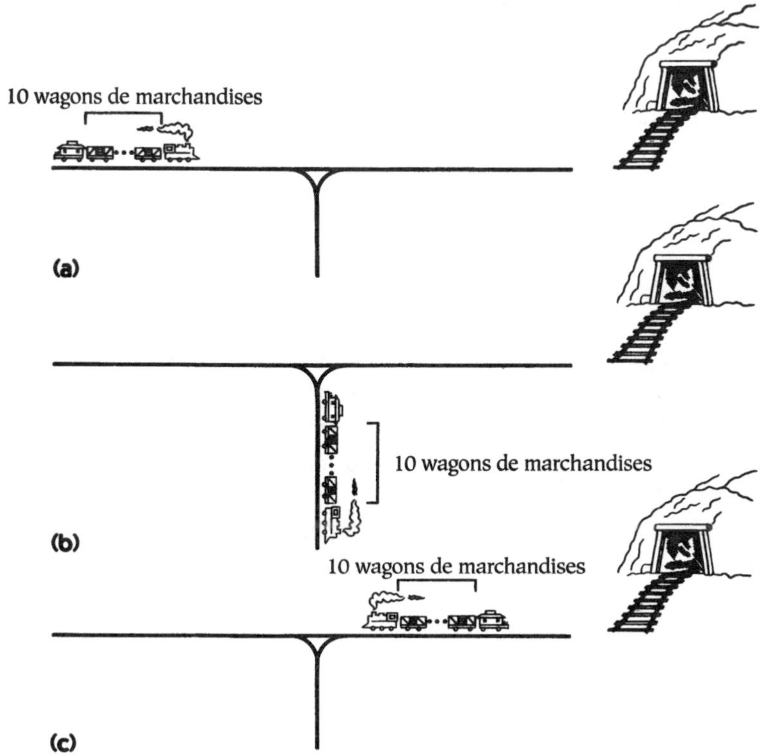

Figure 11 : Avec dix wagons de marchandises, le train peut facilement faire demi-tour. (a) Le train se dirige vers la mine. (b) Le train s'engage dans la voie de garage. La locomotive peut alors sortir de la voie de garage à reculons en poussant les wagons. (c) Le train est prêt à repartir vers l'aciérie.

« Pour un train de dix-huit wagons de marchandises, la voie de garage n'est pas assez longue, reprit Duffy. Il faut détacher des parties du train, utiliser la voie de garage d'une manière ou d'une autre, raccrocher les wagons et repartir dans la direction opposée.

« Ce sont ces manœuvres qui prennent du temps. Détacher une partie du train d'une autre prend environ cinq minutes. Déplacer le train de quelques wagons ne prend pas trop longtemps. Ce sont vraiment les manœuvres pour accrocher et décrocher les wagons qui posent un problème. Nous n'avons pas réussi à faire tourner le train sans procéder à moins de trois manœuvres.

« Pouvez-vous nous dire comment nous pouvons y parvenir en moins longtemps ou prouver que ce n'est pas possible ? »

Ecco réfléchit un moment en silence : « D'après ce que vous dites, monsieur Duffy, la locomotive peut reculer pendant que le train effectue son demi-tour ?

— Oui, c'est exact. Elle peut même pousser le train ou une partie du train. Souvenez-vous qu'elle peut s'atteler devant ou derrière comme n'importe quel wagon, dont le wagon de queue. Mais elle est la seule à avoir une force motrice. »

(2) Pouvez-vous proposer une solution pour faire tourner le train en procédant au plus à deux accrochages et deux décrochages ? Ou n'est-ce pas possible ? (Solution p. 171-172.)

« Oui, je vois. Vous nous avez fait gagner beaucoup de temps. Dites-moi, pouvez-vous démontrer que nous ne pouvons pas faire mieux ? »

(3) Est-il possible de faire mieux ? (Solution p. 172.)

« Vous nous avez été d'une grande aide, docteur Ecco. Si jamais vous avez besoin un jour d'acier renforcé au titane, soyez sûr que nous vous ferons un prix.

— Je n'ai pas vraiment la place pour stocker des matériaux de construction dans mon appartement, dit Ecco avec un petit rire. Mais la prochaine fois qu'un client me demandera mon avis pour la conception d'un pont, je lui demanderai de faire une étude de votre acier. »

3

IDÉES VOLAGES

Pour moi, cette affaire top secrète commença dès mon arrivée chez Ecco un samedi matin. Evangeline vint m'ouvrir la porte. Elle était en train de raconter un exemple stupéfiant de violence universitaire perpétrée par le brillant, mais malavisé, logicien Benjamin Baskerhound.

« Un linguiste de renommée mondiale est venu à Princeton donner une conférence intitulée “Pourquoi n'y a-t-il pas de doubles positifs ?” Il a commencé par expliquer le double négatif. Il a cité des exemples comme “Je ne peux pas me permettre de ne pas aller à X”, ce qui signifie “Je dois aller à X”. Il a expliqué qu'un double négatif donne une phrase positive. Le public a hoché la tête pour montrer qu'il avait bien compris.

« L'orateur a alors présenté sa thèse : “Personne n'a encore trouvé un double positif ayant une signification dans aucune langue."

« A peine avait-il prononcé ces mots que Baskerhound a cassé son crayon. Un acte apparemment délibéré. Il a regardé l'orateur droit dans les yeux et a dit haut et fort : “Ouais, ouais”. Après un silence choqué, il y a eu des gloussements dans la salle. L'orateur est devenu blême et a paru sur le point de défaillir. »

Cela me fit rire, mais Ecco soupira : « Cela vous rappelle des souvenirs, non, professeur ? Je regrette de ne pas avoir eu autant d'esprit. Mais tout de même, c'est mesquin d'agir ainsi. »

J'expliquai à Evangeline que la première fois que j'avais revu Ecco adulte, il avait joué à peu près le même tour à un jeune topologiste.

« Oui, dit Evangeline. Jacob a l'air de beaucoup regretter cet incident.

— A propos, comment vous êtes-vous rencontrés tous les deux ?

— Toujours le biographe inquisiteur, n'est-ce pas, professeur ? Eh bien, je vais vous le dire. Quand elle était encore à Oxford, Evangeline a écrit un article intitulé “Pourquoi nous ne pouvons pas être sûrs de ce que nous savons ?” Elle démontrait que la logique de la connaissance a le défaut de poser l'hypothèse d'axiomes invariables. Elle a alors présenté une méthode pour faire des inférences quand on introduit des axiomes incohérents dans une théorie. »

Evangeline poursuivit le récit. « Jacob m'a écrit pour me demander de le mettre sur la liste de mes correspondants réguliers. Il m'a également priée de ne communiquer son adresse à personne. Il faut préciser qu'à l'époque personne ne savait où il était et que les jeunes mathématiciens et les philosophes théoriques se perdaient en conjectures à ce sujet. Je lui ai aussitôt envoyé quelques articles en lui demandant de me rendre la pareille.

« Il m'en a envoyé trois. Ils étaient tous du même auteur, mais ils n'étaient pas signés Jacob Ecco. Il m'a également priée de ne pas divulguer son pseudonyme. Je lui ai posé des questions à propos de ces articles. »

Ecco reprit. « Des questions aussi pertinentes méritaient plus qu'une correspondance savante. J'ai donc invité Evangeline à déjeuner. Nous avons fait la fermeture du restaurant ce soir-là et... »

Des coups frappés à la porte interrompirent Ecco. J'ouvris la porte, et trois hommes entrèrent, me bousculant presque au passage. Ils portaient des uniformes de l'armée de l'air américaine. Leur chef alla droit au but.

« Docteur Ecco, pardonnez-nous de vous interrompre, mais nous avons un problème de la plus haute importance. Qui sont vos amis ?

— Général Evans, dit Ecco après nous avoir présentés, reprenez votre calme et exposez-nous votre problème.

— Notre escadrille sert de soutien à des bureaux de renseignement dans huit villes de la côte Est et huit villes de la côte Ouest. Nous avons également seize avions. Chaque jour, nous envoyons des paquets des villes de la côte Ouest à celles de la côte Est. Avant, nous employions un système centralisé. Un avion partait de chaque ville de la côte Ouest pour la ville pivot, disons, Denver. Les équipages échangeaient leurs paquets, de sorte que chaque avion poursuivait alors sa route vers une ville de la côte Est, seulement chargé des paquets destinés à cette ville.

« Malheureusement, pour des raisons de sécurité, il est exclu que plus de deux avions se croisent dans une seule et même ville dans une journée. Il n'est donc plus possible d'avoir une ville pivot.

« Nous aimerions démarrer avec deux avions de chaque ville de la côte Ouest et que chaque avion se pose dans quelques aéroports sur le parcours de la côte Est, échangeant des paquets dans chacun. A la fin du voyage, il faut que tout paquet issu d'une ville de la côte Ouest ait atteint sa destination sur la côte Est.

« La rapidité est un élément-clé. Plus le nombre d'escales est élevé, plus la rapidité en souffre. Si vous êtes allé dans un aéroport récemment, vous savez ce que je veux dire.

« Pouvez-vous trouver une stratégie qui permette de livrer les paquets convenablement, en sachant que chaque avion ne fait que deux escales intermédiaires — en d'autres termes, trois atterrissages en tout ? Souvenez-vous que seuls deux avions peuvent se rendre dans une ville, dont la ville de destination.

— Sur combien d'aéroports pouvez-vous atterrir ?

— Beaucoup, dit notre visiteur. Au moins trente. Mais souvenez-vous que chaque avion ne peut faire que trois atterrissages.

— Quelle est la capacité des avions ?

— Énorme. Si on avait le temps, tous les paquets pourraient être transportés dans un seul appareil. »

Ecco nous regarda Evangeline et moi. Evangeline dessinait. Puis il se tourna vers notre invité. « Je crains que trouver la solution ne me prenne un peu de temps. Je vous prie d'avoir l'obligeance de revenir demain ? »

Notre invité secoua la tête : « Il nous faut la réponse maintenant. »

Ce fut au tour d'Ecco de secouer la tête : « Mais c'est loin d'être facile, marmonna-t-il.

— Ce n'est pas si difficile que ça, Jacob, dit Evangeline, en tendant un diagramme à notre hôte. Je pense que cela vous satisfera, mon général. »

Quelle est la réponse ? Démontrez si c'est faisable ou non. (Solution p. 172-174.)

Notre hôte examina le diagramme. « C'est possible, merci beaucoup, mademoiselle, euh...

— Docteur Goode, dit Ecco en souriant.

— Ah oui ! Evangeline Goode, du Montana je crois. Bourse de Rhodes et logicienne, dit le général en tendant la main. Je suis enchanté de faire votre connaissance. Merci pour votre aide. Soyez gentils d'oublier ma visite d'aujourd'hui. Messieurs, je vous souhaite une bonne journée. Mademoiselle Goode. »

Je n'ai été autorisé à publier cette énigme qu'après que la stratégie a été expliquée dans *Aviation Week*.

4

LE PROBLÈME DU ROND-POINT

M. Silkman se présenta comme un spécialiste de la circulation. Il commença son explication par le B.A.-BA : « Un rond-point est une route circulaire avec plusieurs entrées et sorties. Cela fonctionne de la manière suivante : une voiture s'engage dans le rond-point, roule dans le sens contraire des aiguilles d'une montre jusqu'à sa destination et sort. Par exemple, voici comment se présente un rond-point à cinq entrées. Une voiture entrant par la route n° 1 doit passer une entrée (route n° 2) pour sortir à la route n° 3. Pour sortir à la route n° 5, la voiture doit dépasser trois entrées (routes 2, 3 et 4).

« L'avantage d'un rond-point sur des feux est qu'en cas de circulation fluide, aucune voiture n'est retardée. L'inconvénient, c'est que les accidents sont plus nombreux. On appelle *facteur de risque* le nombre d'accidents possibles. Le facteur de risque d'une voiture sur un rond-point est le nombre d'entrées devant lesquelles elle doit passer avant de rejoindre la sortie. En d'autres termes, le facteur de risque est le nombre d'entrées que la voiture dépasse sur le rond-point, plus un (pour l'entrée). Le facteur de risque serait de 2 pour une voiture entrant par la route 1 et sortant à la route 3, et il serait de 4 pour une voiture entrant à la route 1 et sortant à la route 5. Nous ne comptons pas la sortie puisque, en l'occurrence, elle ne passe pas devant une autre entrée.

« Nous sommes confrontés à un problème peu courant dans l'histoire de la circulation. Nous devons concevoir un carrefour pour douze routes à deux voies. Nous voulions utiliser des ponts et des bretelles, mais c'est trop cher. Nous avons songé à un grand rond-point, mais une voiture s'y engageant pourrait avoir un facteur de risque de 11 si elle veut sortir par la route immédiatement à côté de celle par laquelle elle est entrée dans le sens des aiguilles d'une montre. Si la voiture veut faire le tour complet du rond-point, elle s'expose à un facteur de risque de 12.

— Une option serait donc de construire deux ronds-points de

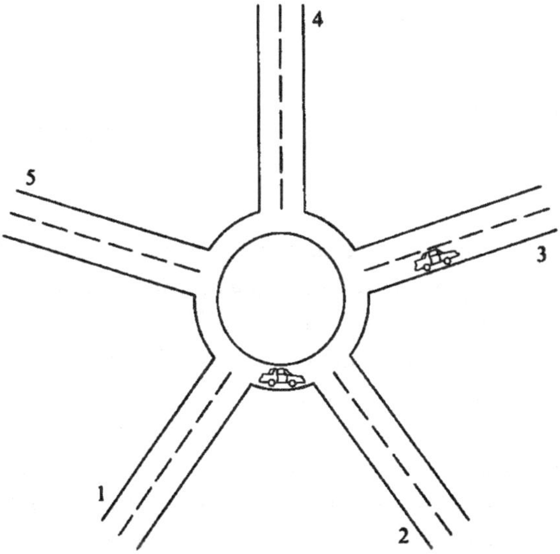

Figure 12 : Un rond-point à cinq routes. Les voitures roulent dans le sens contraire des aiguilles d'une montre.

six routes chacun, reliés par une route, dis-je alors. Un tour complet n'aurait alors qu'un facteur de risque de 7, mais d'autres itinéraires pourraient avoir un facteur de risque de 12.

— C'est exact, dit Silkman, mais les ronds-points semblent encore être la seule option possible. Pouvez-vous concevoir un système de ronds-points (en sachant qu'ils peuvent être reliés entre eux par des routes), de telle sorte que chaque voiture ait un facteur de risque inférieur à 10 quelle que soit la sortie qu'elle emprunte, et même si elle veut faire le tour complet ? »

Quelle est votre réponse ? Si c'est oui, joignez un croquis. Dans le cas contraire, apportez la preuve de votre réponse négative. *(Solution p. 174-175.)*

« Est-ce le mieux que vous puissiez faire, docteur Ecco ? »

Ecco réfléchit un bon moment. Je n'ai malheureusement pas pu attendre sa réponse, puisque j'ai dû partir avant.

5

PROBLÈME DE CONTRAT

« Pensez au problème de la signature d'un contrat, me dit brusquement Ecco un samedi, alors que nous buvions du thé après notre partie d'échecs.

— Quel problème ? Signer n'est certainement pas le plus dur. Cela veut dire que les négociations ont eu une conclusion heureuse et que les parties sont d'accord sur tous les points. Quel problème une signature devrait-elle poser ?

— C'est ce que vous vous croyez. Mais imaginez l'avantage si vous pouviez faire en sorte que seule l'autre partie signe. Imaginez un ordre d'achat pour une matière première ou une action. Supposez que vous placiez un ordre pour acheter de l'or, mais que vous ne signiez pas le contrat. Le vendeur signe. Si le prix monte, vous reconnaissez l'existence du contrat. Si le prix baisse, vous ne l'avez jamais signé. C'est du moins le stratagème qu'Ariana Radan a évoqué au téléphone. »

Moins d'une demi-heure plus tard, Ariana Radan entrait chez Ecco. Pour une avocate, elle avait l'air de bien s'y connaître en matière de codes.

« Pour pouvoir m'aider, messieurs, il faut que vous compreniez l'une des idées les plus élégantes de l'ère informatique. Un système d'encodage à clé publique fonctionne comme suit. On a un grand nombre de paires de fonctions mathématiques. Chaque paire se compose d'une fonction de codage E et d'une fonction de décodage D. Si m est un message en texte clair — que tout le monde peut lire et comprendre — alors $E(m)$ est un codage de m et devient illisible. $D(E(m))$ est le décodage du codage de m, c'est-à-dire que $D(E(m)) = m$. De même, $D(m)$, le décodage de m, est illisible, mais le codage du décodage de m, $E(D(m)) = m$. La première propriété critique est que si m et m' sont différents, alors $D(m)$ et $D(m')$ seront différents comme $E(m)$ et $E(m')$. La probabilité qu'ils ne le soient pas est plus faible que la probabilité que vous soyez en train de rêver ma visite. La seconde propriété critique est que connaître D n'aide pas à déterminer E, et *vice versa*.

— A part ce dernier point, cela ne paraît pas très différent d'un système classique, dit Ecco.

— Détrompez-vous, répliqua Radan. Supposez que X veuille envoyer un message à Y. Dans un système classique, X et Y connaîtraient tous les deux la méthode de codage et de décodage. X code donc le message et Y le décode. L'ennui, c'est que X et Y doivent partager le même code, lequel risque de tomber entre des mains malveillantes.

— Exact, dit Ecco. Or ces "mains malveillantes" pouvaient décrypter le code, comme nous avons eu l'occasion de le faire, n'est-ce pas, professeur ? »

Je hochai la tête en souriant au souvenir de notre malheureux chasseur de trésors.

« Si je vous ai bien compris, maître Radan, continua Ecco, on ne peut déduire la fonction de décodage de la fonction de codage, et *vice versa*, et il n'y a pas d'autre moyen de déchiffrer le message codé ?

— Exactement, dit Radan. Dans un système de code public, les fonctions de codage E_1, E_2, etc. sont connues. Seules les fonctions de décodage sont secrètes. Décrypter le code, voire déterminer la fonction de décodage correspondant à la fonction de codage, est pratiquement impossible, comme vous l'avez deviné. Non seulement pour les simples mortels, mais aussi pour l'ordinateur le plus puissant que l'on puisse imaginer.

« Voici comment on utilise un système de code public. Si Y est le seul à détenir la fonction de décodage D_y, X peut envoyer $E_y(m)$ à Y sur une ligne publique, que n'importe qui peut écouter, mais seul Y comprendra en appliquant $D_y(E_y(m)) = m$.

« Le système permet aussi de signer le message en quelque sorte. Par exemple, si X est le seul à détenir D_x, il peut envoyer $E_y(D_x(m))$. Y, à son tour, rétablit le message en appliquant D_y, puis E_x. Comme seul X détient D_x, Y sait et peut prouver que le message vient bien de X. Ce type de protocole de fonctions de codage et de décodage devrait être la solution de notre problème.

— Continuez, je vous en prie, dit Ecco.

— Amalgamated Inc. et Behemoth Ltd. viennent de convenir oralement de signer une série infiniment longue de contrats correspondant à des achats d'actions. Elles aimeraient les signer électroniquement.

« Si elles se fiaient l'une à l'autre, Amalgamated pourrait se servir de sa fonction de décodage D_a, suivie de la fonction de codage E_b de Behemoth, pour coder le texte en clair (c'est-à-dire le contrat). D_a tient lieu de signature d'Amalgamated. De même, Behemoth pourrait utiliser D_b et E_a.

« L'ennui, c'est que la confiance ne règne pas vraiment entre ces deux entreprises. Amalgamated pense que Behemoth va refuser de signer un contrat à la dernière minute tout en conservant l'exemplaire électronique qu'Amalgamated a signé. Behemoth n'a pas une meilleure opinion de son homologue.

Ils nous ont engagés pour jouer les arbitres. Voici les conditions qu'ils nous imposent.

« Premièrement, on suppose que chaque entreprise a gardé sa clé de décodage et a rendu publique sa clé de codage. Deuxièmement, on suppose que chacune a une copie du texte en clair de chacun des contrats qu'elles projettent de signer. Troisièmement, pour tout contrat, n suppose qu'au moins une entreprise respecte le protocole que nous déterminons. Pour certifier l'échange, notre protocole doit garantir que :

1. Nous (les avocats) devons vérifier que le message envoyé par chacune d'elles provient du même texte en clair pour chaque contrat de la série.

2. Nous ne sommes pas censés voir ce texte sous sa forme non codée.

3. Nous devons vérifier que chaque message contient la signature voulue.

4. Nous devons vérifier que les seules personnes pouvant décoder en texte clair sont celles qui connaissent soit D_a, soit D_b.

5. Aucune des deux entreprises ne peut obtenir un contrat signé en trichant.

« Docteur Ecco, nous avons besoin de votre aide pour concevoir une série de codages et de décodages que chaque entreprise devrait publier et une autre série que nous utiliserions pour nous aider à résoudre le problème. »

Ecco réfléchit un instant. « Vous avez une fonction de codage et une fonction de décodage, je suppose ?

— Oui, bien sûr. Il s'agit de D_z et de E_z.

— Je pense que c'est faisable, mais délicat. »

Quel protocole adopter ? Il devrait contenir les fonctions que chaque entreprise applique au texte qu'elle envoie et les fonctions supplémentaires que devrait utiliser le cabinet juridique. Souvenez-vous :
1) pour tout message m *et pour toute paire de décodage/encodage* D_s *et* E_s, $D_s(E_s(m)) = m$.
2) Pour tout message m *et pour toute fonction de décodage ou d'encodage* f1 *et* f2, $f1(f2(m)) = f2(f1(m))$. (Solution p. 175-176.)

Avec une certaine nervosité, Radan regarda Ecco écrire, mordiller son crayon, hocher la tête, et se remettre à écrire. « Vous pensez qu'il va y arriver ? me murmura-t-elle plus d'une fois.

— Je ne l'ai jamais vu échouer. »

Ecco avait fini : « Maître Radan, je peux me tromper, mais je crois que ma solution est la plus simple possible compte tenu des circonstances. Dites-moi ce que vous en pensez. »

Après avoir étudié le protocole, Radan avait l'air ravi. « Vous m'aviez été chaudement recommandé, docteur Ecco. Mais ils avaient vraiment sous-estimé vos compétences. »

Ecco s'inclina légèrement devant ces louanges. Ariana Radan prit congé.

6

COMMANDE ET CONTRÔLE

« Vous allez être heureux d'apprendre, cher professeur, que *Herr General* Lange va bientôt nous rendre une nouvelle visite. Il ne m'a donné qu'un vague aperçu de son problème. Voici l'histoire.

« Le général Lange est à présent responsable des communications entre les centres de commande et de contrôle. Ces unités font donc courir de gros risques à leurs membres. Voilà tout ce qu'il m'a dit au téléphone. »

Le général Lange arborait un uniforme neuf et de nouvelles médailles. Il avait eu une promotion après avoir résolu (avec l'aide appréciable d'Ecco, si vous vous souvenez bien) le problème des défenseurs bavards.

« Voici une avance », dit-il en nous donnant une grosse boîte de chocolats suisses.

Après nous avoir parlé de ses nouvelles responsabilités, il exposa son problème.

« Nous autres Suisses croyons à la simplicité en matière de technologie. Avec les détecteurs modernes que les superpuissances et les autres inventent, seuls les câbles blindés sont protégés contre les systèmes d'écoute électroniques. L'ennui, c'est que les liaisons les plus sûres sont à voie unique et de point à point (un émetteur et un récepteur), mais c'est peu pratique, comme vous allez le voir.

« Nous avons divisé chaque région en quinze centres de commande et de contrôle, c'est-à-dire un poste de commandement et quatorze subordonnés. De temps à autre, le commandant peut vouloir envoyer des messages à ses subordonnés, et ces derniers envoyer des messages au commandant. Il est très important que ces messages ne soient pas interceptés par l'ennemi. C'est pour cette raison que nos unités de communication sont protégées.

« Chaque unité se compose d'un émetteur relié par un long câble à un récepteur. L'émetteur ne peut qu'émettre et le récepteur ne peut que recevoir. Le câble peut être aussi long qu'on le souhaite. Chaque poste de contrôle (dont le commandant) est équipé de deux émetteurs et de deux récepteurs. Chaque poste de contrôle peut donc établir une communication à sens unique avec quatre autres postes de contrôle. En tout, on compte trente unités de communication.

« Il faut environ une minute à un poste pour envoyer un message sur un émetteur. Toutefois, l'émetteur peut transmettre un message à deux postes en même temps, en se servant de ses deux émetteurs. Le récepteur du message peut le transmettre en une minute.

« Nous voulons que les postes de contrôle soient connectés de sorte que, tant qu'aucun n'est hors d'état de fonctionner, le commandant puisse joindre tout autre poste de contrôle en trois minutes, et que chaque poste de contrôle puisse joindre le poste de commandement en quatre minutes. Le même message peut arriver à destination en passant par divers intermédiaires et à divers moments.

— Si votre seule condition était que le commandant puisse joindre chaque subordonné en trois minutes, vous pourriez le faire avec quatorze unités et aucune n'aurait plus de deux émetteurs ou deux récepteurs », observai-je.

(1) Comment pourriez-vous obtenir ce résultat ? (Solution p. 176.)

« C'est vrai, mais nous tenons beaucoup à ce que les subordonnés puissent envoyer des messages au commandant, dit le général, il s'agit donc d'une condition incontournable.

« En fait, il y a une autre condition, qui est la plus difficile à respecter. Un poste de contrôle peut être hors d'état de fonctionner et être incapable d'envoyer ou de recevoir un message. Comme ils seront bien cachés, nous ne pensons pas que plus d'un puisse être touché pendant les batailles. Dans ce cas, nous voulons que le commandant puisse envoyer un message à tout subordonné en quatre minutes et recevoir un message de tout subordonné en état de fonctionnement en cinq minutes. Dans ces situations, les subordonnés peuvent être obligés de communiquer entre eux sans compter sur le commandant. Donc, si un poste de contrôle est mis hors d'état de fonctionner (le poste de commandement compris), tout poste de contrôle devrait être capable d'envoyer un message à tous les postes de contrôle en état de marche en huit minutes. Est-ce possible avec trente paires d'émetteur-récepteur ? »

Ecco dut réfléchir un moment à la question, mais il finit par donner au général un schéma de connexion qui fonctionnait. Je fus heureux de voir qu'il y avait intégré ma proposition.

(2) Pouvez-vous proposer un schéma de connexion possible ? (Solution p. 176.)

« Dites-moi, Ecco, est-ce possible d'y parvenir avec moins de trente unités ? »

(3) Quelle est la réponse d'Ecco et comment la démontre-t-il ? *(Solution p. 176.)*

« Mon général, dit alors Ecco, que diriez-vous d'aller dîner dehors et de revenir ici déguster ces chocolats en guise de dessert ?

— *Eine ausgezeichnete Idee* », répondit le général.

7

MAUVAIS NUMÉRO

« Vous avez entendu parler du “bogue du commutateur” ? me demanda Ecco un jour que j'arrivais chez lui.

— Je crois bien, oui. Ultimate Switch, important fabricant de commutateurs téléphoniques, a fait une erreur de conception, si bien que périodiquement le commutateur paraît inverser deux chiffres voisins entre les cinq derniers. Par conséquent, la personne qui compose un numéro se terminant par les cinq chiffres 12 345 risque de tomber sur un numéro dont les cinq derniers chiffres sont 21 345, 13 245, 12435 ou 12 354. L'entreprise a reçu tellement de plaintes que les médias ont appelé l'affaire le “bogue du commutateur”.

— Exact. La compagnie du téléphone se demande bien comment traiter toutes ces plaintes. Elle a engagé ma condisciple Pauline Mingham pour l'aider. C'est elle qui sonne, je crois. »

Ce nom était loin de m'être inconnu. Pauline Mingham était spécialisée dans la théorie de l'information, cette branche des communications qui traite de l'émission de signaux dans des environnements bruyants. Ses articles avaient paru dans de nombreuses revues.

« Nous sommes disposés à demander aux gens de composer six numéros au lieu de cinq si cela devait connecter la grande majorité des numéros inversés à un numéro non attribué.

— Si je te comprends bien, s'il n'y avait que dix personnes concernées et que tu veuilles un système à deux chiffres, je pourrais suggérer 01, 12, 23, 34, 45, 56, 67, 78, 89, 90, exact ? »

(1) Pourquoi est-ce exact ? (Solution p. 177.)

« Oui, c'est une approche possible. Pour se connecter à un autre numéro attribué, il faut composer deux chiffres différemment. Si bien que tout numéro inversé atteindrait un numéro non attribué.

— Dans ce cas, je peux résoudre votre problème avec six numéros. Voici comment. »

(2) Étant donné 100 000 numéros à cinq chiffres, trouvez une série de 100 000 numéros à six chiffres, de sorte que toute inversion entre deux chiffres voisins donne un numéro non attribué. Si possible, le seul changement devrait être qu'un sixième chiffre est ajouté à chaque numéro existant. (Solution p. 177.)

— C'est une solution élégante, dit Pauline Mingham. Je vais veiller à ce que l'on sache que tu en es l'auteur.

— Oh non, n'en fais rien, Pauline, je t'en prie. Ton problème a été très agréable à résoudre, mais j'ai horreur de la publicité. »

Elle hocha la tête et s'apprêtait à partir quand Ecco ajouta : « Attend ! Evangeline, le professeur Scarlet et moi allons au Blue Note écouter Herbie Hancock. J'ai des places. Cela te dit ?

— Et comment ! »

Evangeline arriva quelques minutes plus tard, vêtue d'une sévère robe noire qui accentuait sa pâleur inhabituelle.

« Tu fais beaucoup trop de logique, Vange. Il faut que nous soyons en forme pour aller profiter de la brise hivernale du Yucatan.

— Et voir les ruines, aussi, espèce d'obsédé des plages », répondit Evangeline avec un sourire.

8

FAUSSE MONNAIE

Ecco estimait que la pratique et le conditionnement étaient aussi nécessaires à l'omniheuriste qu'au sportif. Un jour, il proposa que nous participions à un concours d'énigmes. L'énigme était la suivante.

On vous donne vingt pièces de monnaie. Certaines sont fausses et d'autres sont bonnes. Si une pièce est bonne, elle pèse entre 11 et 11,1 grammes. Si elle est fausse, elle pèse entre 10,6 et 10,7 grammes. Vous avez le droit de faire quinze pesées sur un trébuchet. Il faut que vous déterminiez lesquelles sont bonnes et lesquelles sont fausses.

« Qu'en dites-vous, professeur ? dit Ecco. Le prix est intéressant.

— Cela me paraît assez difficile. C'est d'autant plus difficile que si, par exemple, quatre pièces pèsent 44 grammes, cela pourrait vouloir dire que, dans le lot, il y en a trois bonnes (de 11,1 grammes) et une fausse (de 10,7 grammes), ou encore quatre bonnes (de 11 grammes).

— Cela ne facilite pas les choses, effectivement », dit Ecco avant de s'abîmer dans un de ses silences méditatifs.

« Vous êtes un malin, cher ami, reprit-il d'un air taquin. Le problème que vous avez évoqué mène à la solution. »

Comment procédez-vous ? ***(Solution p. 177-179.)***

CHAPITRE 6

GLOIRE

1

COORDINATION DE CONNAISSANCE I

Je le sais et vous le savez,
mais savez-vous que je le sais ?
(Sous-titre de chapitre de
la thèse de doctorat d'Evangeline.)

C'était par une journée pluvieuse de janvier. Ecco marmonnait entre ses dents en examinant une lettre non décachetée. Il se rendit à peine compte de l'arrivée d'Evangeline qui alla s'asseoir avec grâce dans un fauteuil.

« Que se passe-t-il, Jacob ? Tu as l'air d'être d'une humeur massacrante aujourd'hui.

— Regarde donc le cachet de la poste sur cette lettre », grogna Ecco pour toute réponse.

Elle datait de deux mois ; l'adresse de l'expéditeur était Olga Aronov, université de Léningrad, Union soviétique. « Certaines des lettres d'Olga n'arrivent jamais. D'autres arrivent comme celle-ci avec les bords retournés.

« Olga et moi avons mis au point un test pour voir combien de fois nos lettres ont été ouvertes à la vapeur. Celle-ci l'a été deux fois, probablement une fois ici et une fois là-bas. Espionnage gouvernemental. »

Ecco brisa soigneusement le cachet. Son humeur parut s'adoucir à la lecture de la lettre. Bien que leur correspondance parlât surtout d'énigmes et de mathématiques, il y avait toujours une touche plus personnelle.

Il nous lut le texte de la lettre : « L'hiver est là. Le blizzard souffle la nuit, et la Baltique est prise dans les glaces. Le vent se calme de temps à autre, et le froid me rappelle notre promenade dans le parc de Stockholm, au cours de laquelle vous m'aviez expliqué la théorie combinatoire des catastrophes.

« Je suis tombée sur un beau problème que je tiens à vous faire partager. Il s'appelle le problème de l'attaque coordonnée.

« On a deux généraux alliés A et B dont les camps se trouvent sur les flancs opposés d'une crête. Ils ne peuvent communiquer qu'avec des pigeons voyageurs. Il arrive que les pigeons se perdent ou se fassent tuer par des prédateurs.

« Les généraux doivent décider s'il faut attaquer l'ennemi le lendemain. Quelle que soit leur décision, ou ils attaquent tous les deux, ou aucun n'attaque, parce qu'une attaque menée par un seul conduirait au désastre.

« Supposons que le général A décide que le moment est propice. Il envoie donc un message disant “Attaquez à l'aube” par pigeon voyageur au général B. Sans confirmation, le général A n'attaquera pas, si bien qu'il demande au général B d'accuser réception du message. Ce que fait le général B. »

Evangeline, Ecco et moi nous regardâmes, prévoyant la question suivante.

(1) Une succession d'échanges réussis d'accusés de réception peut-elle les conduire à attaquer ? Si tel est le cas, combien en faut-il ? *(Solution p. 179.)*

« Dès que A reçoit l'accusé de réception de B, il sait que B connaît ses intentions. Ils connaissent donc tous les deux les intentions de A, dis-je.

— Oui, dit Ecco, mais B sait que A n'attaquera pas sans l'accusé de réception. Comme B n'est pas sûr que son accusé de réception va bien arriver à destination, B se gardera d'attaquer tant qu'il ne sera pas sûr que A a bien reçu son acccusé de réception.

— Comment Olga conclut-elle sa lettre ? », demanda Evangeline.

Ecco poursuivit sa lecture : « Peut-être y a-t-il un moyen d'exploiter avec profit ce résultat étonnant pour garantir une paix mondiale durable. OLGA »

« C'est justement ce que je pensais, dit Evangeline en répondant à la question.

— Il y aurait une jolie variante possible, dit Ecco. Supposons que les armées aient des éclaireurs postés sur la crête qui allument un signal pendant quelques secondes chaque fois qu'un pigeon voyageur a réussi à aller d'un général à l'autre. Supposons que les deux généraux puissent voir ce signal. »

(2) Combien faut-il alors de voyages réussis ? *(Solution p. 179-180.)*

Ecco trouva rapidement la réponse, mais il restait songeur. « C'est remarquable. On peut démontrer ces conclusions et comprendre chaque étape de la démonstration tout en ne croyant toujours pas au résultat. Aussi évolué soit-il, notre cerveau — à l'exception peut-être de celui d'Evangeline — a du mal à gérer facilement le fait que d'autres gens savent ce que l'on sait. »

2

COORDINATION DE CONNAISSANCE II

« Cela tombe bien que la lettre d'Olga t'ait fait réfléchir à ce type de problème, Jacob, parce que j'ai justement besoin de ton aide à ce sujet, dit Evangeline. Quand ton ami le directeur a compris que ma thèse concernait la logique de la connaissance, il m'a demandé de travailler avec toi sur un problème “à l'apparente innocence”.

— Mon ami, tu parles ! dit Ecco. Et je suppose qu'il t'a dit que je serais grognon aujourd'hui, n'est-ce pas ?

— Eh bien, il a dit que c'était possible. En y repensant, je suis surprise qu'il ait parlé de ça. Tu crois qu'il est au courant pour les lettres ouvertes ?

— Et que je sais quand ils ouvrent les lettres ? Espérons qu'il a deviné juste, c'est tout. Il t'a expliqué le problème ou prévoit-il de venir l'exposer lui-même ?

— Il me l'a expliqué, et c'est très dur, dit Evangeline en consultant ses notes.

« Voilà. Il y a treize logiciens dans une pièce, tous vêtus d'une veste. Ils portent tous un badge avec leur nom au revers, et tous ont des noms différents. Il y a un grand X au dos de certaines vestes. Chacun des logiciens peut voir le dos des autres, mais pas le sien. Au départ, quelqu'un entre dans la pièce et dit : “L'un d'entre vous au moins a un X sur le dos.” Il faut que chaque logicien devine s'il a un X ou non sur son dos.

« Ils procèdent en plusieurs étapes. A chaque étape, les logiciens qui ne savent pas encore s'ils ont un X sur le dos prennent la parole par ordre alphabétique. Chaque logicien dit l'une des phrases suivantes :

> Je ne sais pas si j'ai un X sur le dos, ou
> Je n'ai pas de X sur le dos, ou
> J'ai un X sur le dos et au moins un des autres en a également un mais il ne l'a pas encore déterminé, ou
> J'ai un X sur le dos, et tous les autres logiciens qui en ont un aussi l'ont déjà signalé.

« Ils n'ont pas le droit de dire autre chose.

« Dès qu'un logicien se prononce, c'est-à-dire annonce qu'il a ou n'a pas un X sur le dos, il cesse de parler. Voici ce qui se passe. A la première étape, quatre personnes se prononcent. A la deuxième, trois personnes se prononcent. Une de ces dernières dit qu'il y a encore des X. Dans la troisième phase, les six derniers se prononcent. »

Quels logiciens ont des X sur le dos ? *(Solution p. 180-181.)*

« Je présume que nous pouvons supposer que les logiciens sont de bons logiciens et ne mentent jamais, dit Ecco. Sinon, nous n'avons aucun espoir de trouver. »

Evangeline hocha la tête : « En outre, ils arrivent à la bonne conclusion. » Une heure plus tard, Ecco et Evangeline avaient résolu l'énigme.

« Pourquoi le directeur s'intéresserait-il à ce genre de problème, à votre avis ?

— C'est très étrange, dit Evangeline. Dans quelles circonstances quelqu'un peut-il observer une propriété concernant tous les autres mais ne pas la voir chez lui ? »

Ecco hocha la tête. « Peut-être est-ce une nouvelle manière d'exprimer la clé d'un code. Étant donné une longue séquence de chiffres, la solution de cette énigme pourrait dire quels chiffres sont importants pour le code. »

J'étais complètement perdu. La solution était loin d'être simple.

« Le directeur a dit qu'il espérait que nous arriverions à une conclusion cet après-midi, dit Evangeline en regardant sa montre. Il faudra que vous la lui remettiez, parce qu'il faut que j'aille à une répétition. »

3

LE PROBLÈME DU MESSAGER

Grand Frère vous regarde,
mais Grand Frère a aussi des frères.
(Graffiti dans Washington Square Park, New York.)

Peu après le départ d'Evangeline, on frappa à la porte. C'était le directeur. Avait-il attendu le départ d'Evangeline ? Il n'en dit rien. Il écouta attentivement l'explication, par Ecco, de la solution à la seconde énigme. Une fois qu'il eut compris, il resta un instant silencieux.

« J'espère que vous n'êtes pas fatigués, docteur Ecco et professeur Scarlet, parce que j'ai une autre énigme à vous soumettre. Bien entendu, nous comptons sur vous pour ne la divulguer à personne.

— Il me serait difficile de mettre Olga au courant, n'est-ce pas, monsieur le directeur ? », demanda Ecco.

Le directeur ignora sa question. Résister à la tendance naturelle et bien élevée de répondre aux questions doit faire partie de l'entraînement des avares secrets.

« Un nouveau code top secret se compose de cinq éléments : A, B, C, D et E. Si l'ennemi met la main sur les cinq, nous aurons de graves ennuis. Mais il peut en obtenir quatre sur les cinq sans nous mettre en danger. Nous voulons communiquer les cinq éléments à notre agent dans le pays X. Quatre éléments seraient aussi inutiles pour lui que pour notre ennemi. Nous sommes disposés à nous servir de huit messagers. Nous sommes sûrs que deux au plus risquent de se faire prendre. Quand un messager se fait prendre, nous supposons que l'ennemi entre en possession de tous les éléments qu'il transporte.

« Nous ne savons pas vraiment comment procéder. Par exemple, si nous envoyons huit messagers portant chacun un élément du code et que l'un d'eux se fait prendre, l'élément en question peut être essentiel pour notre agent. Quelqu'un de notre bureau a eu l'excellente idée de suggérer que nous fassions des copies des cinq éléments et que nous les donnions aux huit messagers. Nous pouvons faire des copies, mais nous ne savons pas comment les répartir. Manifestement, envoyer toutes les copies avec tous les messagers donne une chance à l'ennemi de briser notre code.

— Bon, monsieur le directeur, si vous voulez une solution avec huit messagers, la voici. »

(1) Pouvez-vous trouver une solution (plusieurs sont possibles) avec huit messagers, de sorte que deux messagers ne transportent jamais à eux deux la totalité des cinq éléments répartie entre six messagers ?

Le directeur comprit la preuve du docteur Ecco. Il demanda en souriant : « Qu'est-ce que vous voulez dire par "si vous voulez une solution avec huit messagers" ? Suggéreriez-vous qu'on peut faire mieux ?

— Oui.

— Eh bien, vous avez tort. Dans une note top secrète récente, l'un de nos scientifiques a prouvé qu'il n'y avait pas moyen de résoudre ce problème avec moins de huit messagers. Voici la preuve. Chaque élément doit être transporté par trois messagers afin que notre agent reçoive la totalité. De cette manière, notre agent aura le code même si deux messagers se font prendre. En outre, pour empêcher l'ennemi d'obtenir le secret de deux messagers, aucun messager ne devrait transporter trois éléments ou plus. Cela signifie que quinze éléments doivent être transportés par des gens qui ne peuvent en transporter plus de deux chacun. Il faut donc huit messagers. »

Avant de poursuivre votre lecture, comprenez-vous et approuvez-vous cet argument ?

« Mais, monsieur le directeur, dis-je quand il se tut, cette prétendue preuve pose une hypothèse injustifiée. La condition voulant que deux messagers ne puissent pas transporter à eux deux la totalité des cinq éléments n'implique pas qu'aucun messager ne peut transporter trois éléments ou plus. Il est au moins théoriquement possible qu'un messager puisse transporter trois éléments et d'autres en transporter deux, mais associer les éléments transportés par deux d'entre eux, quels qu'ils soient, ne donnerait que quatre éléments différents. »

Le directeur m'adressa un sourire : « En théorie, professeur, vous avez peut-être raison. Mais je suis un pragmatique. »

Il fit une parodie de salut militaire et s'apprêtait à sortir quand Ecco le rappela : « Un instant, monsieur le directeur. Voici l'application pratique de l'observation théorique du professeur. » Ecco écrivit rapidement sur une feuille de papier qu'il tendit au directeur. « Sept messagers suffisent amplement. Deux messagers ne peuvent porter la totalité des cinq éléments entre eux deux. En revanche, cinq messagers peuvent transporter la totalité des éléments. »

(2) Proposez une solution n'exigeant que sept messagers. L'observation du professeur devrait vous mettre sur la voie. (Solution p. 181.)

Le directeur étudia la feuille pendant un bon moment. Il en resta bouche bée. « Je vais tordre le cou de ce savant, gronda-t-il.

— Ne soyez pas trop dur avec lui, dit Ecco. Après tout, il travaille pour des agents secrets. »

Le directeur sortit en claquant la porte.

Quelques jours plus tard, il réapparut. « Alors, Ecco, même

vous, vous avez vos limites. Le supérieur du savant à la preuve bidon s'apprête à le congédier. Non seulement la preuve pour les sept était fausse, mais son supérieur dit qu'il peut résoudre le problème avec six messagers. Pourtant, vous avez dit que sept était le minimum.

— Vous a-t-il montré sa stratégie ?

— Non, elle est classée top secret.

— J'espère que, de ce fait, personne d'autre que son auteur n'en prendra connaissance.

— Que voulez-vous dire ? demanda le directeur en ajustant son nœud de cravate.

— L'axiome, une fois de plus, n'est-ce pas, professeur ? » dit Ecco en me souriant. Je hochai la tête, sachant ce qui allait suivre. Ecco jeta quelques notes sur une feuille de papier. « L'axiome, Monsieur le Directeur, est que le secret est le château de sable des incompétents. Ce supérieur ne peut avoir raison. Il est impossible d'envoyer six messagers ou moins de sorte que votre agent puisse reconstituer le code à partir des éléments apportés par quatre agents quels qu'ils soient et que l'ennemi ne puisse reconstituer le code grâce à deux agents quels qu'ils soient. »

(3) Pouvez-vous prouver qu'Ecco a raison ? *(Solution p. 182.)*

Après le départ du directeur, Ecco se tourna vers moi. Remarquant mes sourcils froncés, il me dit : « Vous avez aussi réfléchi au problème non résolu en l'occurrence, n'est-ce pas ?

— Oui, c'est assez troublant. La question est la suivante : si on pouvait diviser le code en un nombre *n* d'éléments, quel serait le plus petit nombre de messagers nécessaires, sachant que deux peuvent se faire prendre ?

— Exactement. Quatre messagers ne suffisent pas, parce que si deux messagers connaissent la totalité du message, l'ennemi est sûr de l'obtenir s'il en prend deux. Mais cinq est encore concevable. Mais est-ce possible ? Cela m'étonnerait beaucoup que le directeur ne nous rappelle pas d'ici quelques jours pour nous poser justement ce problème. »

Ecco avait raison, à cela près que le directeur téléphona dès l'après-midi, avec les bruits de fond habituels.

« Ecco, nous ne disposons que de cinq messagers. Pourriez-vous recommencer à fouiller dans votre sac à malices pour trouver un moyen d'y arriver avec cinq messagers seulement, même si deux courent encore le risque de se faire prendre ? Supposons que le code puisse être divisé en n'importe quel nombre d'éléments k, de sorte que personne ne puisse le reconstituer à partir de n'importe quel élément $k-1$. »

Cela lui demanda quelques heures, mais Ecco trouva la solution.

(4) Pouvez-vous résoudre ce problème avec cinq messagers ? *(Solution p. 182.)*

4

TRAVAUX ROUTIERS

Notre visiteur, vêtu d'un élégant costume sombre, fit son entrée, précédé de gardes du corps. Ces derniers entreprirent de fouiller minutieusement la pièce avec des détecteurs de micros. L'homme nous jeta un regard d'excuse. Il était habitué à ce rituel, mais était apparemment conscient que ce n'était pas le cas des simples citoyens.

J'étais loin d'imaginer que cet homme élégant allait proposer autant d'énigmes intéressantes à Ecco ou le rendre aussi célèbre. Ecco a pleinement mérité cette gloire, comme vous allez le voir.

« *Señores*, pardonnez-moi toutes ces mesures de sécurité, mais il faut prendre des précautions.

— Oui, bien sûr, *Señor Presidente*, dit Ecco en lui serrant la main, puis se tournant vers moi, *Presidente* Carballero, permettez-moi de vous présenter mon ami et collègue, le professeur Scarlet. »

Je serrai la main gantée du président, me sentant affreusement mal habillé pour la circonstance. Ecco qui n'avait pas l'air de se soucier d'être en jeans et en polo, invita le *presidente* à s'asseoir.

« Je suis venu vous voir, docteur Ecco, pour évoquer l'avenir de notre belle capitale. Elle est construite à l'européenne autour d'une grande place sur laquelle se trouve un rond-point d'où rayonnent plusieurs rues. »

Le président s'interrompit brièvement le temps de nous montrer des vues aériennes de la ville. A l'aube, c'était une vision majestueuse, mais au coucher du soleil, on ne voyait plus qu'un embouteillage de voitures et de camions pare-chocs contre pare-chocs. Seul le terre-plein central échappait à l'invasion.

« Ces photos expliquent tout, *Señores*. Ces embouteillages sont un véritable fléau. Nous n'allons pas tarder à construire un métro, mais en attendant, il faut que nous fassions quelque chose au sujet de ces rues.

« D'après mes spécialistes de la circulation, mettre les rues qui rayonnent à partir du rond-point en sens unique ferait plus que doubler leur capacité. D'autres disent que ce projet allongerait tout trajet d'un pâté de maisons à huit. Ils seraient d'accord pour cette conversion si aucun trajet n'était allongé de plus d'un pâté de maisons. Je suis venu vous demander si c'est possible. Comme il faut très peu de temps pour faire le tour du rond-point, nous n'en tiendrons pas compte.

— Si vous voulez bien me montrer le plan », dit Ecco.

Ecco examina le schéma pendant quelques minutes. Des rues menaient de la place à chacun des points A, B, C, D, E et F. Des rues d'une longueur à peu près équivalente reliaient aussi les points A et B, B et C, C et D, D et E, et E et F. Ecco prit un bout de papier sur lequel il se mit à tracer des lignes.

Relevant enfin la tête, il dit au président Carballero : « Je suis désolé, Monsieur, c'est impossible. Permettez-moi de vous expliquer pourquoi. La raison en est en fait assez subtile. »

(1) Démontrez qu'Ecco a raison. ***(Solution p. 182-183.)***

Le président Carballero avait l'air très déçu. Soudain, Ecco sourit et dit : « Mais la situation n'est pas aussi désespérée. Je peux vous démontrer qu'aucun trajet ne sera rallongé de plus de deux fois. »

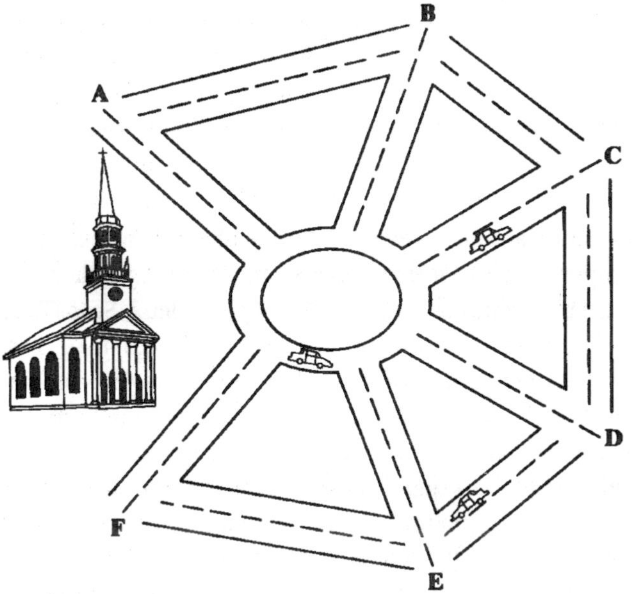

Figure 13 : La place de la capitale et les rues avoisinantes.

(2) Proposez un plan qui permette de ne rallonger aucun trajet de plus de deux fois. Faites attention ! *(Solution p. 183.)*

« Merci, *Señor.* Cela devrait satisfaire tout le monde, d'autant plus que la plupart des trajets selon votre plan ne sont en fait rallongés que d'un pâté de maisons, dit le président Carballero. Permettez-moi de revenir demain pour discuter de nos plans de routes de campagne. Ce soir, je dois rejoindre mes amis au Victorian Club. »

5

ROUTES DE CAMPAGNE

Le président Carballero revint le lendemain en tenue de cérémonie. Il était impressionnant avec ses deux rangées de médailles.

« Ce problème est peut-être moins prestigieux, *Señor* Ecco, puisque peu d'étrangers s'aventurent dans nos provinces, mais il est d'une grande importance pour mon pays. Une de nos régions est une vaste plaine déserte. Nous n'avons réussi qu'à construire des routes à une voie entre les principales villes. On emprunte ces routes dans les deux sens, mais chaque fois que deux véhicules se rencontrent, l'un doit se garer sur le bas-côté pour laisser le passage. Il arrive que les gens ne s'arrêtent pas, ce qui provoque de graves accidents. Même quand ils se garent, les trajets sont très longs.

« Selon mes ingénieurs, une fois de plus, mettre les routes à sens unique diminuerait les trajets, même pour les voyageurs qui seraient obligés d'utiliser une route de plus qu'à l'heure actuelle. Je ne voudrais pas que le trajet soit beaucoup plus long. Nous voulons faciliter la vie de la population.

« D'un autre côté, nous sommes un pays pauvre, si bien que nous préférerions ne pas avoir à construire de nouvelles routes. Si nous y sommes obligés, nous préférerions construire une route courte plutôt qu'une longue.

« Chaque route, droite, fait près de cent kilomètres. Des routes relient A et B, B et C, A et C, B et D, C et D, C et E, et D et E. A et D sont distants d'environ cent soixante-dix kilomètres, comme B et E. Je n'ai malheureusement pas de carte à vous montrer. »

Ecco réfléchit à la description du président et entreprit de faire un schéma. « Il n'est pas nécessaire d'avoir une carte. Il n'y a en fait qu'une configuration possible. La distance entre A et E est de près de deux cents kilomètres. »

(1) Comment Ecco le sait-il ? Souvenez-vous qu'il est excellent en géométrie. Vous pouvez résoudre les

autres parties de l'énigme même si vous ne savez pas résoudre cette partie. (Solution p. 184.)

« Vous avez raison, *Señor* Ecco. Pouvez-vous mettre toutes les routes en sens unique sans rallonger un trajet de plus d'une route supplémentaire ? L'idéal serait de ne pas avoir à faire de nouvelles routes. Mes ingénieurs estiment que toute solution exige de construire 200 kilomètres de route entre A et E.

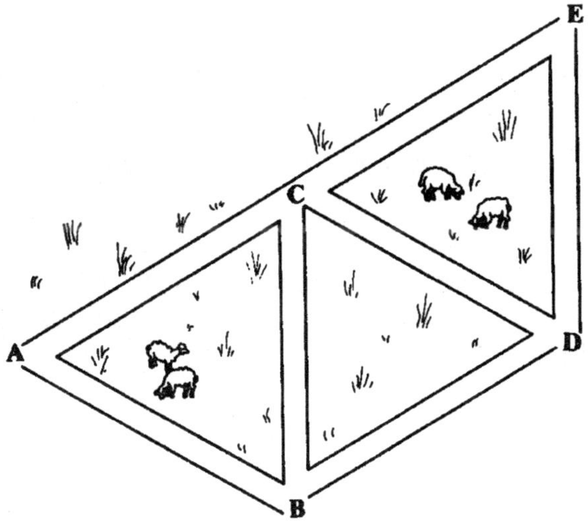

Figure 14 : Routes de campagne.

— Vos ingénieurs ont raison, sans aucun doute, dit Ecco après avoir réfléchi. Il va falloir construire une route. Je vais vous démontrer pourquoi brièvement. »

(2) Essayez de trouver un argument convaincant. (Solution p. 184.)

Après avoir écouté l'argument d'Ecco, le président soupira : « Deux cents kilomètres, dites-vous, *Señor* Ecco ? Chaque kilomètre nous coûte une fortune. »

Ecco réfléchit un moment avant de répondre. Le président parut soulagé, mais je ne pus entendre sa réponse.

(3) Essayez de trouver quelle route ajouter, sa longueur et démontrez que votre solution est possible. *(Solution p. 184.)*

« Merci, *Señor* Ecco, dit le *presidente* Carballero. Nous nous reverrons demain, j'espère. Ce soir, j'assiste à une soirée de bienfaisance au Met, votre merveilleux opéra. »

6

TRACÉ DU MÉTRO

Son excellence le *presidente* Carballero arriva tôt le lendemain matin. Il était vêtu d'un costume classique, de très bonne coupe. Invité à déjeuner chez ses amis à Southampton dans Long Island, son hélicoptère privé l'attendait à l'héliport de l'East River.

Après la danse rituelle des gardes du corps, il exposa l'objet de sa visite : « N'hésitez pas à prendre votre temps pour résoudre ce problème, docteur Ecco, parce que sa solution risque de prendre plusieurs jours, si tant est qu'il y en ait une. Nous voulons construire un métro pour desservir l'ensemble de notre capitale. Comme toujours, notre budget est serré. Peu importe qu'un trajet prenne du temps, pourvu que l'on puisse se rendre d'un point à un autre.

« Ce tableau donne le coût en pesos de la construction d'un tronçon entre deux points. On compte huit points en tout. Par exemple, installer une ligne entre le point 1 et le point 2 coûte dix-sept milliards de pesos or. Nous représentons cette donnée par les trois chiffres 1, 2 et 17. Chaque ligne est à double sens. Ce tableau montre également le temps, en minutes, qu'il faudrait pour se rendre d'un point à un autre, mais nous y reviendrons. Voici les chiffres. »

Ecco prit le tableau que lui tendait le président.

Coût en pesos or et durée des trajets de métro

Point	Point	Coût	Durée
1	2	17	3
1	3	15	5
1	4	10	2
1	5	15	6
1	6	18	3
1	7	20	4
1	8	14	2
2	3	14	5
2	4	16	4
2	5	11	6
2	6	13	8
2	7	11	3
2	8	16	2
3	4	14	1
3	5	13	4
3	6	19	3
3	7	10	8
3	8	12	2
4	5	11	4
4	6	13	2
4	7	21	1
4	8	17	4
5	6	15	3
5	7	10	5
5	8	9	1
6	7	20	2
6	8	11	4
7	8	15	3

« Président, chacune de ces connexions est à double sens, n'est-ce pas ?

— Oui, *Señor.*

— Et il ne doit y avoir qu'une ligne entre un point et n'importe quel autre, n'est-ce pas ? Mais cette ligne peut passer par de nombreuses stations intermédiaires, exact ?

— Exact. Mes ingénieurs sont arrivés à une solution de quatre-vingt-un milliards de pesos, dont ils disent que c'est la meilleure possible. Ils se sont servi d'un ordinateur. Mais je veux avoir une autre opinion. Je ne vous demande pas de résoudre ce problème aujourd'hui, bien sûr. Je reviendrai dans deux jours. »

Ecco n'entendit vraisemblablement pas ces derniers mots. Il était déjà occupé à griffonner sur une feuille de papier. J'offris du thé et des biscuits au président. Ce dernier accepta gracieusement et se lança dans une analyse fort savante des atouts et des faiblesses des divers joueurs de l'équipe de football danoise. Ils devaient disputer un match contre son équipe nationale le lendemain.

Le président s'apprêtait à partir quand Ecco lui dit : « *Presidente* Carballero, je crois pouvoir construire votre métro pour beaucoup moins cher. »

(1) Essayez de résoudre le problème. Donnez les connexions point à point que vous avez l'intention d'utiliser. (Solution p. 185.)

« Mais comment avez-vous pu résoudre le problème aussi rapidement, *Señor* Ecco ? Vous êtes célèbre dans le monde entier pour votre intelligence, mais il y a tellement de possibilités.

— Je serais heureux de vous l'expliquer, votre excellence. La méthode a été inventée par le mathématicien Kruskal en 1956. Si vous voulez bien ?

— Si vous pensez que je peux comprendre, dit le président avec un petit rire, allez-y, je vous en prie. »

(2) Essayez de proposer une méthode très simple et rapide qui permette de construire à moindres frais un métro reliant toutes les stations. (Solution p. 185-186.)

« Maintenant, *Señor* Ecco, peut-être pourriez-vous résoudre un problème encore plus épineux. Le centre de la ville est la station 1. Dans l'idéal, il faudrait pouvoir aller d'un point quelconque au centre dans le minimum de temps possible. Pourriez-vous me proposer un plan qui permette à tout le monde de se rendre au centre en cinq minutes ? Ignorez les retards dus aux correspondances ou à l'attente des trains. Avec cette contrainte, essayez de trouver le plan le plus économique possible. L'idéal serait d'arriver à moins de cent milliards de pesos, montant que mes spécialistes considèrent comme le minimum. »

Ecco réfléchit un moment. En fait, le *presidente* Carballero dut partir à son rendez-vous de Southampton avant qu'Ecco n'eût terminé. A son retour, Ecco l'accueillit chaleureusement.

« Je pense que ma réponse va vous plaire », lui dit-il.

(3) La solution d'Ecco coûte quatre-vingt-onze milliards de pesos. Essayez d'en proposer une qui soit au moins aussi bonne. (Solution p. 186.)

Le président Carballero était enchanté. « Ce serait un honneur pour mon pays de vous recevoir pour les fêtes de l'Indépendance au printemps. Je vous décorerai de notre médaille nationale à cette occasion. »

Ecco le remercia chaleureusement.

CHAPITRE

7

DISPARU

1

Le kidnappeur fou d'énigmes

Si un rocher vous tombe sur la tête, tant pis
pour vous, il fallait éviter les endroits
où des rochers risquent de tomber.
(Les Carnets d'Ecco, « Attitudes de société ».)

Il m'a fallu un certain temps pour écrire ce livre. Ecco ne m'a donné l'autorisation de le faire que pour mettre un terme aux légendes qui courent à son sujet. Le *Times* a contribué au mythe en consacrant en première page un article intitulé « Un omniheuriste remporte le prix de la nation » aux exploits d'Ecco pour le compte du président Carballero. L'article très élogieux attribuait des pouvoirs presque surnaturels à Ecco.

Dès lors, Ecco croula littéralement sous la demande. Il s'abonna à un service de permanence téléphonique et changea de numéro de téléphone. Un jour, il me demanda même de le suivre jusqu'à son appartement pour voir si on le filait. Ce fut difficile à dire parce que personne ne le suivit d'un bout à l'autre du chemin. Nous renouvelâmes néanmoins l'expérience plusieurs fois, et je crus reconnaître certaines têtes sur le parcours. Je n'en soufflai mot à Ecco pour ne pas l'inquiéter.

Il se mit à soupçonner tout le monde. Se terrant chez lui, il ne cessa de refuser des affaires. En fait, il n'accepta qu'un client au cours du mois suivant, pour un problème qui devait se révéler le plus difficile de sa carrière sur le plan intellectuel et émotionnel.

La femme se présenta comme une riche héritière. « Vous serez amplement récompensé si vous m'aidez, docteur Ecco. Il n'est pas nécessaire que vous connaissiez mon nom. » Elle raconta alors l'histoire de son talentueux acteur de fils qui avait refusé de reprendre l'entreprise familiale pour finir par « avoir de très mauvaises fréquentations ».

« Le mois dernier, il a carrément disparu, expliqua-t-elle. Je suis restée sans nouvelles de lui jusqu'à ce que je reçoive un appel très inquiétant d'un homme qui disait s'appeler Baskerhound.

« Il m'a donné une sorte d'énigme. "Je pense à un nombre entre 1 et 2000. Si vous pouvez déterminer quel est ce nombre en posant un maximum de 15 questions, nous libérerons votre fils. Sinon nous le tuerons. Je répondrai à chaque question par oui ou par non. Mais, sachez que je peux mentir une fois. En outre, je ne répondrai à vos questions que lorsque vous les aurez toutes posées."

« Que dois-je faire, docteur Ecco ? », conclut l'héritière en sanglotant, épuisée par l'effort qu'elle avait fait pour exposer calmement son histoire.

Ecco réfléchit quelques minutes et dit : « Si je comprends bien le scénario, nous lui poserons toutes les questions en même temps. Puis il répondra à toutes en même temps (en commençant après notre dernière question). Nous devrons alors lui donner la réponse. Ai-je bien compris ?

— Oui, dit l'héritière. C'est exactement cela. Mais comment faire, docteur Ecco, comment faire ?

— Il s'agit du Baskerhound de Princeton, reprit Ecco en se tournant vers moi. Il s'est éloigné du monde universitaire lorsqu'il a eu le sentiment que son génie n'était pas suffisamment reconnu. Il s'est alors lancé dans des délits informatiques et maintenant dans le kidnapping. Il est d'une intelligence remarquable et la police n'a jamais pu recueillir suffisamment de preuves pour l'accuser de quoi que ce soit. Heureusement pour nous, il a un faible pour les énigmes.

« Madame, accordez-moi une heure pour réfléchir à votre problème. Je pense que tout espoir n'est pas perdu. »

La dame prit congé après avoir regardé sa montre : « Il faut lui donner une réponse dans trois heures, docteur Ecco. Je vous en prie, réfléchissez bien. »

Après son départ, Ecco resta silencieux. L'heure était presque écoulée quand il hocha la tête. Je compris qu'il n'avait pas beaucoup progressé.

Je me rappelai tout à coup un jeu de société du professeur Turab de l'université de Columbia : « Onze questions seulement sont nécessaires pour découvrir la réponse pour 2 000 nombres en admettant qu'il n'y ait pas eu mensonge, même si l'interlocuteur ne répond à toutes les questions qu'à la fin, dis-je à Ecco. Nous pourrions reformuler le problème ainsi : on a 11 pièces numérotées de 1 à 11. Chacune est soit face, soit pile. Si on n'a pas le droit de mentir, on peut juste demander comment se présente chaque pièce et rassembler toutes les réponses à la fin. »

(1) Quelles sont les 11 questions qui résoudraient le problème de Baskerhound, en supposant qu'il a dit la vérité mais a attendu la dernière question pour répondre aux questions ? (Solution p. 186-187.)

« Très judicieux, professeur, dit gravement Ecco. Mais même reformulé, le problème reste difficile. S'il ne ment pas, nous pouvons trouver le nombre au bout de 11 questions. S'il n'avait le droit de mentir qu'une fois, nous pourrions certainement trouver la réponse en 33 questions, mais c'est plus du double de ce qu'il autorise. »

(2) Comment Ecco sait-il que 33 questions suffisent pour résoudre le problème des pièces ? (Solution p. 187.)

Ecco posa la tête contre le dossier de son fauteuil et s'abîma dans la contemplation du plafond. Je sortis faire un tour. Je trouvai un moyen simple de réduire notre problème à 23 questions, mais cela voulait dire qu'il fallait encore en éliminer huit. De toute façon, il aurait fallu que Baskerhound réponde tout de suite à chacune des questions.

(3) Comment résoudriez-vous le problème des pièces avec seulement 23 questions, à condition qu'on réponde tout de suite à chacune d'elles ? (Solution p. 187.)

A mon retour, Ecco était occupé à dessiner sur une feuille de papier. La dame en détresse revint au bout de deux heures et demie.

Ecco l'accueillit avec le sourire, il tenait une feuille à la main. Il me montra alors sa liste de questions.

« Professeur, votre observation m'a été très utile. Voici les questions pour le problème des 11 pièces. Comme vos observations ont fait le reste du travail, vous voudrez bien traduire ces questions en questions sur des nombres.

(4) Comment résoudriez-vous le problème des pièces en 15 questions, en sachant que votre interlocuteur ne répondra qu'après que vous avez posé toutes les questions et qu'il peut mentir une fois ? (Solution p. 187-188.)

Baskerhound se révéla un homme de parole. Il libéra le fils de la dame et s'engagea même par écrit à ne jamais plus s'attaquer à sa famille. Son mot se terminait par un *post-scriptum* : « Attention, Ecco, tes jours sont comptés. »

2

Mystère

Plus personne n'ignore la triste nouvelle : Ecco a disparu. Certains affirment qu'il est mort. D'autres prétendent l'avoir vu. La presse reste à l'affût de la moindre piste le concernant, dans les coins les plus reculés du monde. Mais chaque fois, les indices sont fabriqués de toutes pièces, truffés d'erreurs ou juste impossibles à vérifier.

En attendant, on voit surgir partout des omniheuristes, et les écoles de police préparent des cours fondés sur ce qu'elles appellent les méthodes eccotiennes. Ecco avait prévu cette dérive. « Je fuis la célébrité pour deux raisons, m'a-t-il dit un jour. Une fois célèbre, il n'est plus question d'avoir de vie privée, on est en butte à toute sorte d'importuns, et la presse vous traque. En outre, quand les projecteurs se braquent sur vous, le moindre détail trivial prend de l'importance. Au lieu de s'intéresser à la part de jeu qui m'a permis d'arriver à mes solutions, les gens vont essayer d'en tirer des recettes à livrer à un public avide de ce genre de simplifications. Mais les trucs ou les recettes sont le résultat, pas la source. C'est comme si on essayait de vendre le chronomètre qui a servi à mesurer le temps du vainqueur d'une épreuve de natation. Et là je parle de gens qui font de la popularisation de haut de gamme. Les vrais charlatans diront que ma réussite s'explique par mes habitudes. La planche à voile n'est pas la voie de l'omniheurisme. »

Mais je digresse. Voici le peu que je sais de l'histoire de la disparition d'Ecco.

Après l'affaire Baskerhound, Ecco s'est de plus en plus isolé. Je savais qu'il croulait sous les demandes qui, pour la plupart, n'avaient rien à voir avec son domaine de compétences. Mais je n'arrivais toujours pas à comprendre la raison de ses idées noires. Finalement, un jour, il nous convoqua chez lui, Evangeline et moi. Il nous dit qu'il pensait être en danger, mais qu'il ne savait pas pourquoi, ni qui tirait les ficelles de ce jeu sinistre.

Il avait reçu une lettre accompagnée d'une photographie. Le texte était le suivant :

> Lgml dw egfvw ksal imw fgmk kgeewk svnwjksajwk, wf nwjalw, fgmk kgeewk seak, fgmk ngmk jwljgmnwjgfk, vgulwmj Euug.

Encore le code.

Ecco me montra la photo. « Votre voisin dans l'avion qui nous ramenait de New Delhi, m'exclamai-je.

— Exact, dit Ecco. J'ignore pour qui il travaille, mais il en sait très long sur moi. Quoi qu'il en soit, il n'est pas question de vous mettre tous les deux en danger. Évitez de venir me voir ou de me téléphoner pendant une semaine. A ce moment-là, je devrais savoir quoi faire. Si je devais disparaître, assistez à toutes les ventes aux enchères d'objets en or dont vous pourriez entendre parler. »

Nous ne devions jamais le revoir. J'ai vérifié, mais il n'a pas quitté le pays, du moins pas en se servant de son passeport. Je n'ai rien que des questions sans réponse. Baskerhound (qui court toujours) a-t-il mis sa menace à exécution ? Une agence de renseignements a-t-elle assigné Ecco à résidence quelque part pour le protéger ? Le directeur prétend ne rien savoir, mais je m'interroge. Les clients d'Ecco appartenaient à de nombreuses sphères différentes. Soudain, tous me paraissaient suspects.

Il y a une autre possibilité. Ecco se cacherait-il ? Peut-être n'a-t-il pas voulu nous mettre au courant, Evangeline et moi, pour nous protéger ?

En l'occurrence, les preuves sont minces. Il n'a pas tiré de chèques sur son compte en banque et il n'a rien emporté — à l'exception d'une chose peut-être.

Environ trois mois après la disparition d'Ecco, j'ai assisté à une vente aux enchères d'objets d'art en or, selon ses instructions. Le dernier objet mis en vente ressemblait étrangement au derrick que le marchand d'équipements de forage de Houston lui avait donné en guise de paiement. Je me souviens avoir entendu dire à l'époque qu'il s'agissait d'une pièce unique. Je me suis renseigné sur l'identité du vendeur qui était un certain John Halley.

Je me précipitai dans l'appartement d'Ecco. Comme d'habitude, le plus grand désordre y régnait, et je fus incapable de remettre la main sur la boîte à chaussures dans laquelle Ecco avait rangé le derrick, ni sur le derrick lui-même.

Quelques jours plus tard, j'allai rendre visite à Halley. « En quoi cela vous concerne-t-il, monsieur ? » me dit-il indigné quand je lui demandai comment il était entré en possession de l'objet.

Il refusa de répondre à mes questions. « Je n'ai rien à voir avec des gens qui disparaissent, monsieur. Faites-moi le plaisir de sortir de chez moi, sinon j'appelle la police. »

Je n'insistai pas. Je ne sais toujours pas quoi faire. Malgré l'accueil glacial qu'il m'avait réservé, Halley ne semblait avoir aucun mobile pour faire du mal à Ecco. En revanche, il avait quelque chose de bizarre. Il me rappelait un des clients d'Ecco — le chasseur de trésors, Hanson, je crois. Mais comment cela aurait-il pu être possible ?

Evangeline et moi avons essayé de décrypter le code des trois messages reçus par Ecco. Le premier avait été retrouvé dans l'appartement d'Ecco à notre retour des gorges de la Columbia.

Ngmk wlwk mf esdaf, f'wkl-uw hsk ?

Le deuxième avait été fourré dans mon sac à notre retour de New Delhi.

Sngfk twkgaf vw ngljw savw, kwmd.

Le troisième était arrivé par la poste.

Lgml dw egfvw ksal imw fgmk kgeewk svnwjksajwk, wf nwjalw, fgmk kgeewk seak, fgmk, fgmk ngmk jwljgmn wjgfk, vgulwmj Eug.

Je pense qu'un indice se cache dans ces messages.

SOLUTIONS

CHAPITRE

1

1 LA MINORITÉ L'EMPORTE

(1) La stratégie consiste à commencer par faire s'affronter les deux propositions les plus populaires. C gagnera si les élections ont lieu dans cet ordre : D contre B (D gagne par 51 à 49), A contre D (A gagne par 66 à 34), A contre C (C gagnera par 51 à 49).

(2) Non. Si l'opposition choisit les propositions en lice au deuxième tour, alors B ou D gagnera. Notez que B gagne contre toutes les propositions sauf D. Donc, si D perd au premier tour, B gagnera. Si D survit au premier tour et que A et C sont encore en course, alors l'opposition opposera A à C au deuxième tour. C gagnera, mais perdra alors contre D au troisième tour.

La dernière possibilité est que D survive et que seul A ou C survive au premier tour. Cela signifie que B doit survivre aussi. Au deuxième tour, l'opposition opposera donc B à A ou C. Cela ne laisse que B et D pour le troisième tour.

(3) Nous avons démontré comment faire gagner C. A gagne si l'élection procède dans l'ordre suivant : B contre C, D contre B et A contre D. D gagne si l'ordre choisi est A contre B, B contre C et B contre D. B gagne si l'ordre choisi est A contre D, A contre B et B contre C.

2 LA TOUR DE LEGO

(1) 13 semaines. En une semaine, on pourrait obtenir 500 piles, chacune constituée de deux plaques. En deux semaines, on pourrait obtenir 250 piles, chacune constituée de 4 plaques. En trois semaines, 125 piles de 8 plaques chacune. En quatre semaines, 62 piles de 16 plaques, et une pile de 8 plaques. En cinq semaines, 31 piles de 32 plaques, et une pile de 8 plaques. En six semaines, 15 piles de 64 plaques, et une de 40. En sept semaines, 7 piles de 128, et 1 de 104. En neuf semaines, 3 piles de 256 (rappelez-vous le délai d'une semaine) et 1 pile de 232. En onze semaines, 1 pile de 512, et 1 pile de 488. En treize semaines, une pile d'un kilomètre.

(2) 20 semaines

Discussion : cette énigme montre les limites du parallélisme. La tour ne peut être construite en un jour, aussi riche Hank Alfred soit-il. En informatique, on le démontre à l'aide de l'argument du facteur pyramidal d'entrée. Au départ, on a 1 000 plaques en entrée et une tour en sortie constituée de toutes ces plaques. Comme accrocher deux plaques pour former une pile est l'opération de base (avec un facteur pyramidal de deux), chaque exécution parallèle de cette opération ne peut réduire le nombre de piles nécessaires que par un facteur de 2. C'est pourquoi 10 exécutions parallèles sont nécessaires.

3 LE PROBLÈME DES PORTES IMPAIRES

Chaque porte a deux côtés. Pour mieux visualiser la chose, imaginez une poignée de chaque côté. Chaque porte a donc deux poignées. Quel que soit le nombre des portes, il doit y avoir un nombre pair de poignées de portes, disons n poignées. Une fois que l'on entre dans le labyrinthe à trois portes, il y a $n — 3$ poignées de portes faisant face à toutes les salles à l'intérieur, parce qu'il y en a trois à l'extérieur. Il doit s'agir d'un chiffre impair, puisque n est pair. Le labyrinthe à trois entrées doit donc renfermer une salle avec un nombre impair de portes.

Le labyrinthe à deux entrées ne doit pas renfermer une telle salle. Si l'on en croit ce que Terrence père a dit à son fils, seul un labyrinthe doit renfermer une telle salle. Il ne peut s'agir que du labyrinthe à trois entrées.

Discussion : cela illustre un principe combinatoire connu sous le nom de principe « du trou de pigeon ». Comme le nombre total de poignées de portes faisant face aux salles intérieures est impair, une salle doit avoir un nombre impair de poignées de porte.

4 LE DILEMME DE L'ENTRAÎNEUR

(1) Divisez les huit joueurs en quatre groupes de deux. Organisez quatre simples. Cela demande quatre heures. Ensuite, procédez au classement de quatre de ces joueurs : prenez deux groupes de deux que vous appellerez X et Y. Opposez le meilleur joueur de X au meilleur joueur de Y. Le gagnant est le meilleur de ces deux groupes. Le perdant joue alors contre son homologue de l'autre groupe. Le gagnant du second simple est le deuxième du classement. A ce stade, si le perdant du premier simple perd le second, vous disposez alors de suffisamment de données pour classer les quatre joueurs des groupes X et Y. Sinon, les plus mauvais des deux groupes doivent jouer l'un contre l'autre pour déterminer qui se place en troisième position. Classer quatre joueurs répartis en deux couples de joueurs classés prend donc trois heures au pire. Obtenir deux groupes de quatre joueurs prend au moins six heures avec des paires déjà classées.

On peut représenter les deux groupes de quatre classés comme suit :

A	E
B	F
C	G
D	H

(classement du meilleur au plus mauvais)

Pour terminer le classement, vous suivez sept étapes :

1. A joue contre E. Mettons que A gagne :

B	E	A
C	F	
D	G	
	H	

2. B joue contre E. Mettons que E gagne :

B	F	A
C	G	E
D	H	

3. B joue contre F. Mettons que F gagne :

B	G	A
C	H	E
D		F

4. B joue contre G. Mettons que G gagne :

B	H	A
C		E
D		F
		G

5. B joue contre H. Mettons que B gagne :

C	H	A
D		E
		F
		G
		B

6. C joue contre H. Mettons que C gagne (si H avait gagné, nous aurions fini) :

D	H	A
		E
		F
		G
		B
		C

7. D joue contre H. Mettons que D gagne :

A
E
F
G
B
C
D
H

Classer huit joueurs avec deux groupes classés de quatre joueurs prend donc 7 heures au plus. (Vous pourriez essayer de démontrer qu'avec deux groupes quels qu'ils soient de joueurs classés de tailles x et y, vous pourriez les classer en un groupe de taille $x + y$ en au plus $x + y - 1$ heures). Le temps total est donc de $4 + 6 + 7 =$ 17 heures.

(2) Avec quatre courts, vous pouvez classer les joueurs en six heures (voir Figure 15). Nous appellerons les courts A, B, C, et D. Au départ, nous divisons les huit joueurs en quatre paires qui disputent chacune un simple sur un court. Nous allons expliquer où le vainqueur et le perdant de chacun des courts jouent à l'heure suivante. Il arrive qu'un joueur ne joue pas pendant une heure, auquel cas nous dirons qu'il se repose une heure.

Au bout de la 1re heure :

Le gagnant sur A reste sur A. Le perdant sur A va sur B.
Le gagnant sur B va sur A. Le perdant sur B reste sur B.
Le gagnant sur C reste sur C. Le perdant sur C va sur D.
Le gagnant sur D va sur C. Le perdant sur D reste sur D.

Au bout de la 2e heure :

Le gagnant sur A se repose une heure, puis joue sur A à la 4e heure.
Le perdant sur A reste sur A.
Le gagnant sur B va sur A. Le perdant sur B se repose une heure, puis joue sur D à la 4e heure.

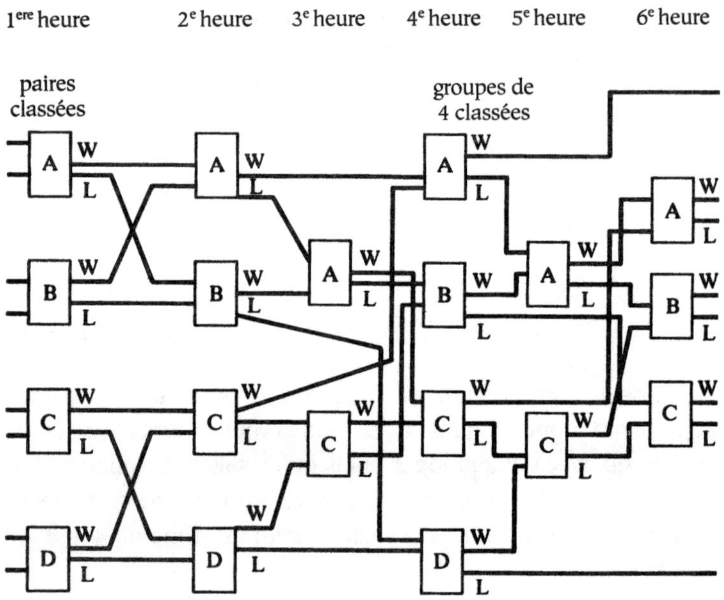

Figure 15 : La répartition des vainqueurs et des perdants dans les matches de classement en six heures.

Le gagnant sur C se repose une heure, puis joue sur A à la 4e heure.
Le perdant sur C reste sur C.
Le gagnant sur D va sur C. Le perdant sur D se repose une heure, puis va sur D.

Au bout de la 3e heure :

Le gagnant sur A va sur C. Le perdant sur A va sur B.
Le gagnant sur C reste sur C. Le perdant sur C va sur B.

Au bout de la 4e heure :

Le gagnant sur A est le meilleur joueur ; pour lui, la partie est terminée. Le perdant sur A reste sur A.
Le gagnant sur B va sur A. Le perdant sur B se repose une heure, puis joue sur C à la 6e heure.
Le gagnant sur C se repose une heure, puis joue sur A à la 6e heure.

Le perdant sur C reste sur C.
Le gagnant sur D va sur C. Le perdant sur D est le plus mauvais joueur ; pour lui, la partie est terminée.

Au bout de la 5e heure :
Le gagnant sur A reste sur A. Le perdant sur A va sur B.
Le gagnant sur C va sur B. Le perdant sur C reste sur C.

Au bout de la 6e heure :
Nous connaissons déjà le meilleur joueur et le plus mauvais depuis la 4e heure. Le deuxième est le gagnant sur A. Le troisième est le perdant sur A. Le quatrième est le gagnant sur B. Le cinquième est le perdant sur B. Le sixième est le gagnant sur C. Le septième est le perdant sur C.

(3) La question de savoir s'il existe une solution en cinq heures reste à résoudre.

Discussion : cela illustre deux solutions du problème du tri, qui est utilisé dans pratiquement toutes les applications informatiques, que ce soit en géométrie, en traitement de données, ou en intelligence artificielle. L'algorithme pour la résolution du problème est le rangement par interclassement. Le second algorithme, dû à Batcher, est connu sous le nom de « classement Batcher ».

5 FLUX MAXIMUM

(1) Répartition du fret pour le transport de 20 tonnes de Houston à Moscou :
de Houston à Francfort : 3 tonnes
de Houston à Paris : 11 tonnes
de Houston à Rome : 3 tonnes
de Houston à Londres : 3 tonnes
de Rome à Moscou : 3 tonnes
de Londres à Varsovie : 3 tonnes
de Francfort à Varsovie : 4 tonnes
de Londres à Paris : 0 tonne

de Paris à Francfort : 9 tonnes
de Paris à Moscou : 2 tonnes
de Francfort à Moscou : 8 tonnes
de Varsovie à Moscou : 7 tonnes

(2) La réponse est toujours 20 tonnes. Voici l'explication d'Ecco : « On ne peut faire passer par un réseau plus que ce que l'on peut faire passer par une de ses liaisons. Une liaison est une série de routes (dans ce cas, les vols de ville à ville) dont la propriété est que chaque tonne passant par le réseau passe exactement par l'une de ces routes.

« Les routes de Houston à Rome, de Varsovie à Moscou, de Francfort à Moscou, et de Paris à Moscou sont des liaisons. Ces routes ne peuvent accepter plus de 20 tonnes, et chaque tonne doit transiter exactement par l'une d'elles. »

(3) Ajoutez un vol de plus sur la route Varsovie-Moscou et trois vols de Houston à Rome. La route de Rome à Moscou peut accepter 9 tonnes supplémentaires. La route de Houston à Londres à Varsovie peut en accepter 3 de plus.

Discussion : voir *Introductory Combinatorics*, Kenneth P. Bogart, Belmont, CA, Pitman Publishing.

6 CHEMINS CRITIQUES

(1) La première moitié de F, la première moitié de D, et E prennent six ans et demi (voir Figure 16).

(2) Payer 15 millions de dollars pour réduire les délais de moitié pour B, D et E ramène le temps total à quatre ans.

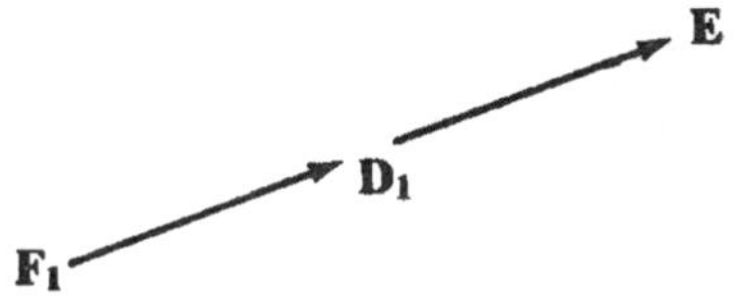

Figure 16 : Le chemin critique signalé par le professeur.

CHAPITRE

2

1 ESPIONS ET CONNAISSANCES

(1) Si tous les espions disaient la vérité, cela donnerait un nombre impair de relations. Comme chaque rencontre met deux personnes en relation, c'est impossible.

(2) A, B, C, D et F doivent être honnêtes. A doit dire la vérité puisque aucun espion ne prétendrait avoir rencontré plus d'espions qu'il n'en a rencontrés, et que A affirme les avoir tous rencontrés. Si B ment et en connaît en fait six, alors G ment aussi, ce qui nous fait deux menteurs ; mais on nous a dit qu'un seul mentait. A et B doivent donc dire la vérité. Donc, F connaît A et B, puisque nous savons que F n'est pas un menteur (voir Figure 17).

C en connaît au moins quatre autres. A et B doivent compter parmi eux. Comme ce ne peut être le cas de F, il doit s'agir de deux des espions D, E et G. Si C a rencontré E, alors E est un menteur, et si C a rencontré G, alors G est un menteur. C a donc rencontré soit E, soit G. Si C mentait et en connaissait en fait cinq autres, alors C connaîtrait à la fois E et G, ce qui nous donnerait trois menteurs. Nous savons donc que C dit la vérité. Comme E ou G est un menteur, D doit dire la vérité. D ne connaît que A, B et C.

Donc, soit E, soit G ment. Tous les autres sont honnêtes, sans l'ombre d'un doute.

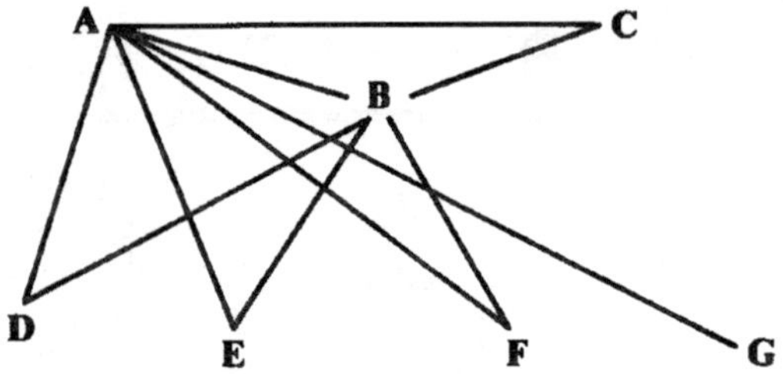

Figure 17 : C doit connaître deux des espions D, E et G.

2 Espions et agents doubles

Les deux espions commencent ainsi :

De W, X et Y, une seule assertion est vraie.
De X, Y, et Z, une seule assertion est vraie.

Comme l'un d'eux dit la vérité, ces deux affirmations sont vraies. Donc :

1. W et Z sont vraies, et X et Y sont fausses, ou
2. W et Z sont fausses et soit X soit Y est vraie.

En effet, si soit W, soit Z, disons W, était vraie, alors X et Y seraient fausses toutes les deux, et l'affirmation impliquant l'autre, disons Z, ne comporterait pas de membres vrais. Si X ou Y est vrai, alors W et Z doivent être fausses. Sinon, on aurait plus d'un membre vrai dans chaque assertion.

Toutefois, l'espion A prétend que seule W ou Z est fausse. Comme c'est impossible, c'est lui l'agent double. Comme l'espion B nous dit que de W, Y, et Z, une seule assertion est vraie, Y doit être vraie.

3 Montage de fusées

(1) Non, c'est impossible. Il faut un tapis roulant entre B et C, entre C et D, entre D et E, et entre B et E. Il en faut également un entre F et D, et entre F et I. F ne peut donc pas se situer dans la zone B, C, D, E. Mais le rapport entre A et G empêche F d'être en dehors

de la zone A, C, D, E, G. Dans ce cas, F ne peut approvisionner I (voir Figures 18 et 19).

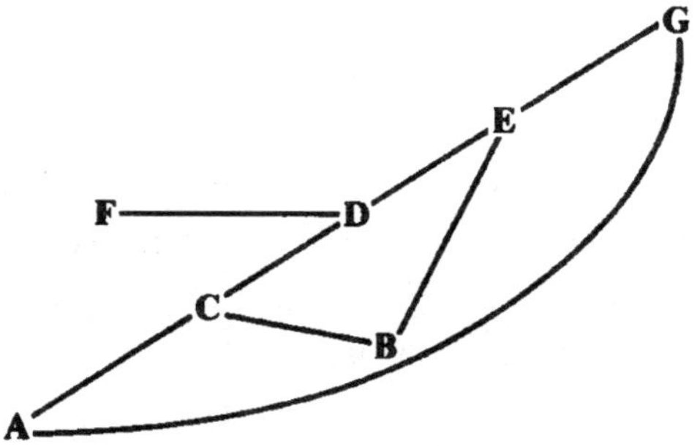

Figure 18 : Organisation de la chaîne de montage avant le raccord de H et I.

(2) Créer deux postes de travail pour B. Placer un poste près de C et un autre près de E et de H. Placer F près du second poste B et entourer ce second poste B de F, D, E, G, H et I. Cela résout tous les problèmes (voir Figure 20).

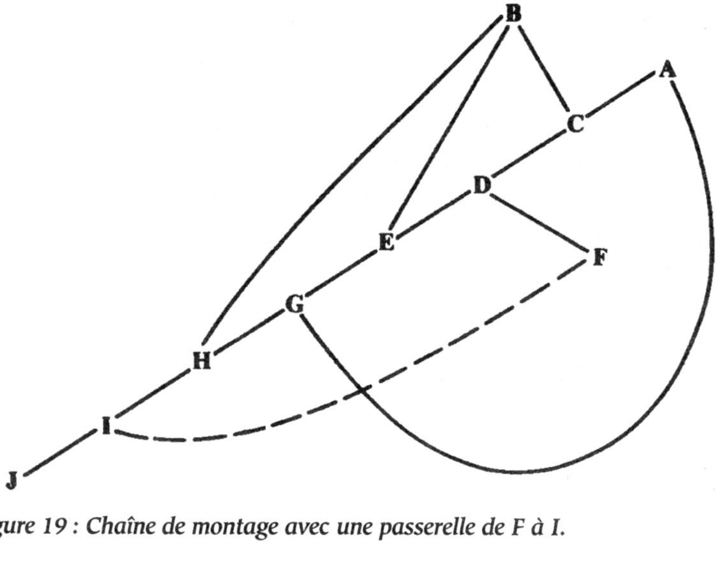

Figure 19 : Chaîne de montage avec une passerelle de F à I.

Discussion : le problème ici est de savoir si le graphe est planaire ou non ; en d'autres termes, s'il peut être représenté sur un plan sans

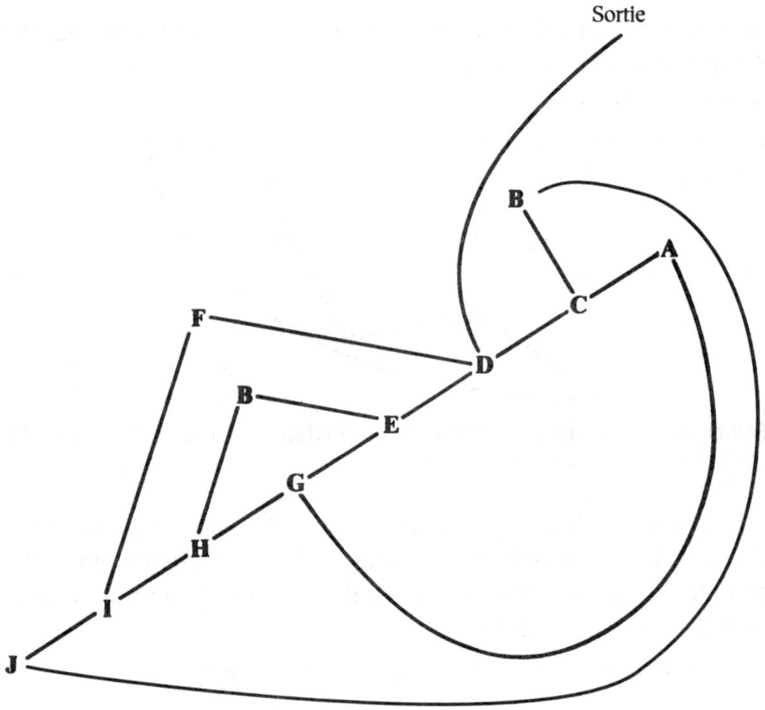

Figure 20 : En doublant le poste B, on élimine les passerelles.

que deux arêtes quelconques se rencontrent en dehors de leurs extrémités. Voir J. Hopcroft et R. E. Tarjan, « Efficient Planarity Testing », *Journal of the Association for Computing Machinery*, vol. 21, n° 4, p. 549-568, octobre 1974.

4 FORAGE OFFSHORE

(1) Le rythme nécessaire est de 1,25 baril par minute. Toutes les cent minutes, il se produirait la chose suivante : on envoie 100 barils de pétrole de la plate-forme vers la côte (80 minutes) ; on passe du pétrole à l'eau (6 minutes) ; on envoie 10 barils d'eau (8 minutes), et on repasse de l'eau au pétrole (6 minutes).

(2) Augmenter la taille du réservoir d'eau à 20 barils permettrait

un rythme de 1,2 baril par minute comme suit. Cette fois, le cycle est de 200 minutes : on commence par envoyer 20 barils d'eau vers la plate-forme (moins de 17 minutes) ; on passe de l'eau au pétrole (6 minutes) ; on envoie 200 barils de pétrole (moins de 170 minutes), et on repasse du pétrole à l'eau (6 minutes).

Discussion : ce problème s'inspire réellement du trafic aux carrefours. Quelle devrait être la durée d'un cycle de feux de signalisation ?

CHAPITRE 3

1 LE PROBLÈME DES CAMPEURS

(1) En suivant la suggestion d'Ecco, envoyez l'animateur dans un chemin, trois campeurs dans un deuxième, trois autres dans un troisième et deux dans un quatrième. Chaque groupe marche vingt minutes, vérifie si le camp est bien là, revient, et chacun des campeurs dit ce qu'il croit être le résultat. L'animateur prend alors sa décision de la manière suivante. Si c'est lui qui a trouvé le camp, il y conduit ses compagnons. S'il y a désaccord au sein des deux groupes de trois campeurs, il retient l'opinion majoritaire (il ne peut y avoir qu'un menteur par groupe). S'il y a désaccord dans un groupe de trois et dans un groupe de deux, il retient l'opinion majoritaire du groupe de trois et ignore le groupe de deux. S'il y a désaccord au sein d'un seul groupe, il ignore les réponses de ce groupe. S'il n'y a de désaccord dans aucun des groupes, il ignore le groupe des deux campeurs.

(2) Avec seulement sept campeurs, il faut que deux chemins (appelons-les A et B) soient explorés par seulement quatre campeurs, sans l'animateur. Supposons que ni l'animateur, ni le reste des

campeurs ne trouvent le camp au bout des chemins qu'ils explorent. Si quatre campeurs explorent le chemin A et que personne n'explore le chemin B, le groupe de quatre peut revenir partagé, deux disant oui et deux disant non. L'animateur ne saurait pas alors s'il convient de prendre le chemin A ou le chemin B. Si trois campeurs explorent le chemin A et que personne n'explore le chemin B, tout désaccord en A laisse également ouvertes ces deux possibilités. Si la répartition est de deux fois deux, si les deux équipes reviennent avec la même réponse, l'animateur n'a de nouveau pas les moyens de décider.

(3) Avec cinq menteurs potentiels, il faut dix-sept campeurs. L'animateur explore de nouveau un chemin tout seul. Il envoie six campeurs dans deux chemins et cinq dans le quatrième. Voilà comment évaluer les réponses.

S'il n'y a désaccord dans aucune équipe, ignorez l'équipe de cinq. S'il y a désaccord dans une équipe, ignorez-la. S'il y a désaccord dans deux équipes ou plus, l'animateur doit tenir le raisonnement suivant : dans chaque équipe où il y a désaccord, compter le nombre des campeurs en minorité (s'il y a trois voix contre trois, la minorité sera alors de trois). Ce chiffre est le chiffre minimum de menteurs dans cette équipe. Dans toute équipe où le nombre des réponses du camp majoritaire est plus de cinq moins le total du nombre minimum de menteurs dans toutes les autres équipes, faire confiance à cette majorité. Cette procédure plus les conclusions de l'animateur pour le chemin qu'il explore donneront toujours une réponse à propos de trois des quatre chemins.

Avec seulement seize campeurs, deux chemins ne peuvent être explorés que par dix campeurs. Si cinq peuvent mentir, aucune solution ne convient.

(4) Il serait plausible de conclure que l'animateur peut explorer deux chemins (appelons-les A et B) en deux voyages et que les campeurs peuvent s'occuper d'au moins un des deux autres chemins (C et D). Mais ça ne marche pas. Supposons que l'animateur ne trouve pas le camp. La première observation du professeur (à savoir qu'avec quatre campeurs, on ne peut être assuré d'une majorité de campeurs disant la vérité) suggère que l'animateur ne peut savoir avec certitude lequel des chemins C ou D mène au camp. Supposons que les répon-

ses des menteurs impliquent C et que celles de ceux qui disent la vérité impliquent D. Comme on se retrouve encore avec deux contre deux, la symétrie empêche toute solution.

La seconde observation du professeur suggère qu'il faudrait traiter différemment les réponses positives et les réponses négatives des campeurs. Voici comment.

> Au premier voyage, l'animateur prend le chemin A. Les quatre campeurs prennent le chemin B.
>
> Quand ils se retrouvent tous, si l'animateur a trouvé le camp, tout le monde prend le chemin A. Si trois ou quatre campeurs sont d'accord pour B, alors B est le bon. Si trois ou quatre campeurs s'accordent pour dire qu'il ne s'agit pas de B, alors l'animateur vérifie le chemin C au deuxième voyage, et tous les campeurs se reposent.
>
> Maintenant le cas difficile. Si deux disent que le camp est au bout de B et que deux autres disent que non, l'animateur part explorer de nouveau le chemin B. On enverra l'un de ceux qui ont dit qu'il ne s'agissait pas de B dans le chemin C. Si l'animateur trouve le camp, il s'agit bien du chemin B. Si l'animateur ne le trouve pas, alors le campeur qui a exploré C doit dire la vérité, parce que les menteurs sont ceux qui ont prétendu que le camp était au bout de B.

Discussion : il arrive aux circuits et aux branchements informatiques de tomber en panne, ce qui n'est souvent que temporaire. Des méthodes spéciales pour détecter et corriger ce type de pannes « intermittentes » sont intégrées dans le circuit mémoire de la plupart des ordinateurs modernes.

2 Cailloux et persuasion

La solution ne requiert que cinq chevalets :

Chevalet n°1 : G, I, K, S, A, N
Chevalet n°2 : H, J, L, F, B, E, R
Chevalet n°3 : O, C, D, U
Chevalet n°4 : P, M
Chevalet n°5 : Q, T

Voici l'ordre de présentation :
G, H, O, I, J, P, K, L, Q, S, F, T, A, B, C, M, D, E, N, R, U.

Discussion : ce problème s'inspire d'un jeu de jetons, jeu combinatoire fondé sur des graphes. Placez un jeton correspond à montrer un dessin. Les règles du jeu de jetons sont les suivantes :

1. On peut placer un jeton sur un sommet (c'est-à-dire qu'on peut présenter un dessin) si et seulement si tous ses prédécesseurs immédiats (c'est-à-dire les assertions l'étayant) ont des jetons (c'est-à-dire sont visibles).
2. On peut toujours supprimer un jeton d'un sommet. Une fois que cela se produit, on ne peut plus jamais y replacer un jeton.

Le fait que cinq chevalets suffisent pour résoudre ce problème signifie que cinq jetons suffisent pour que chaque sommet reçoive un jeton à un moment ou à un autre selon les règles données. On s'est servi de ce jeu de jetons pour démontrer des résultats de la théorie de la complexité. On trouvera un article novateur utilisant ce jeu et intitulé « On Time Versus Space » de J. E. Hopcroft, W. J. Paul, et L. G. Valiant dans le *Journal of the Association for Computing Machinery,* vol. 24, p. 332-337, 1977. On trouvera une explication de la théorie de la complexité dans « An Overview of Computational Complexity » in *Communications of the Association for Computing Machinery,* vol. 26, p. 401-409, 1983.

3 LE PROBLÈME DE L'ARCHITECTE

La figure 21 montre un plan respectant les contraintes. Le schéma en H est au centre de la solution.

Discussion : les concepteurs de puces créent des arbres binaires en utilisant le schéma en H parce qu'il s'agit de la méthode d'occupation de l'espace la plus efficace. Voir Jeffrey Ullman, *Computational Aspects of VLSI*, Rockville, MD, Computer Science Press.

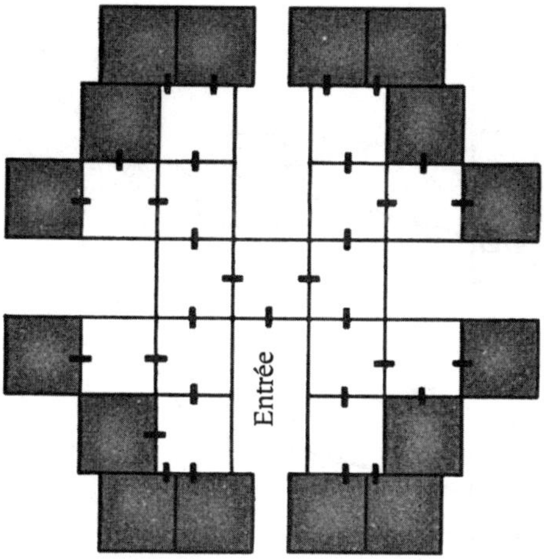

Figure 21 : Le plan de la station de recherche de l'Antarctique.

4 CIRCUITS DE CONTRÔLE

La figure 22 montre la solution des 13 portes en détail. Numérotez les entrées de 1 à 16. Si plus d'une entrée a une valeur 1, alors au moins une des portes « ET » a un 1 à sa sortie. De ce fait, la porte « OU » à l'extrémité droite a un 1 à sa sortie. Sinon, un seul moteur, ou aucun, reçoit un signal « Marche ».

Discussion : on trouve encore ce type de circuit dans certains gros ordinateurs IBM.

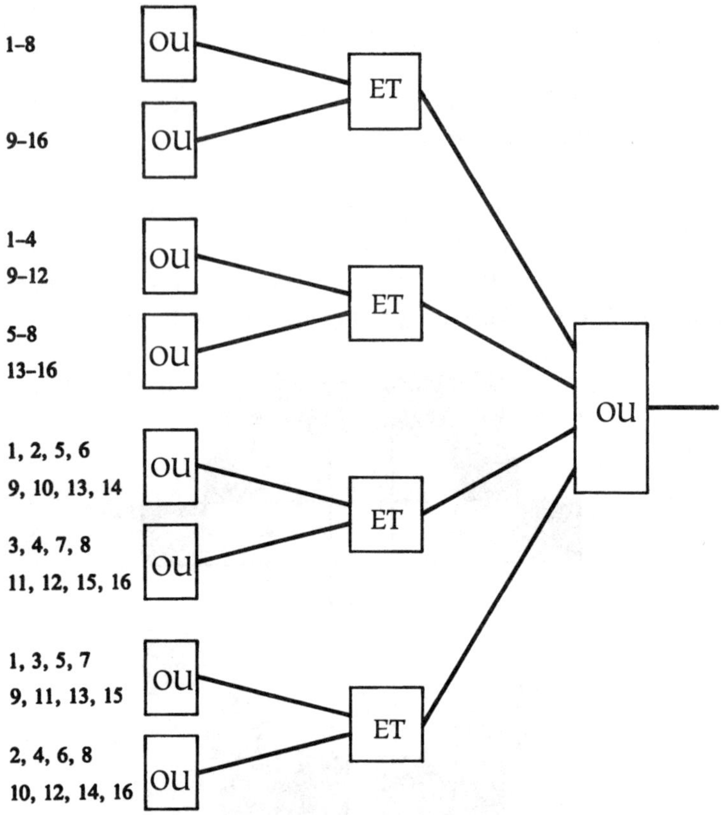

Figure 22 : La solution des 13 portes d'Ecco au problème de Pollard.

5 DÉFENSEURS BAVARDS

(1) Numérotez les postes de 1 à 16. La solution suivante n'en est qu'une parmi d'autres :

Première minute : coupler 1 avec 2, 3 avec 4, 5 avec 6, 7 avec 8, 9 avec 10, 11 avec 12, 13 avec 14, et 15 avec 16.
Deuxième minute : coupler 1 avec 3, 2 avec 4, 5 avec 7, 6 avec 8, 9 avec 11, 10 avec 12, 13 avec 15, et 14 avec 16.
Troisième minute : coupler 1 avec 5, 2 avec 6, 3 avec 7, 4 avec 8, 9 avec 13, 10 avec 14, 11 avec 15, et 12 avec 16.

Quatrième minute : coupler 1 avec 9, 2 avec 10, 3 avec 11, 4 avec 12, 5 avec 13, 6 avec 14, 7 avec 15, et 8 avec 16.

(2) En une minute, chaque poste peut être au courant des attaques visant deux postes au plus. En deux minutes, un poste ne peut échanger d'information qu'avec un autre poste connaissant la situation de deux postes, si bien qu'il connaîtra la situation de seulement quatre postes. De même, en trois minutes, un poste n'apprendra la situation que de huit postes.

(3) Les postes peuvent communiquer en quatre minutes, mais cela n'a rien de simple. Voici une solution :

Première minute : coupler 1 avec 2, 3 avec 4, 5 avec 6, 7 avec 8, et 9 avec 10.
Deuxième minute : coupler 1 avec 7, 2 avec 3, 4 avec 9, 5 avec 8, 6 avec 10.
Troisième minute : coupler 1 avec 9, 2 avec 5, 3 avec 10, 4 avec 8, 6 avec 7.
Quatrième minute : coupler 1 avec 2, 3 avec 4, 5 avec 6, 7 avec 8, et 9 avec 10.

(4) L'exemple le plus simple est trois postes plutôt que quatre. Avec quatre postes, on peut résoudre le problème en deux étapes. Mais avec trois postes, trois étapes sont nécessaires.

6 Équilibres précaires

(1) Numérotez les types d'étriers de 1 à 18. A la première pesée, comparez les types d'étriers 1 et 2, 3 et 4, 5 et 6, 7 et 8, 9 et 10, 11 et 12, 13 et 14, 15 et 16. Il reste exactement 10 étriers qui peuvent encore être les plus légers. Numérotez-les de 1 à 10. Dans la deuxième pesée, comparez les types d'étriers 1 et 2, 1 et 3, 2 et 3, 4 et 5, 5 et 6, 4 et 6, 7 et 8, 9 et 10. (Nous exploitons le fait que chaque fabricant a fourni plusieurs exemplaires de son étrier.) Il ne reste alors plus que un de 1, 2, 3 ; un de 4, 5, et 6 ; un de 7 et 8 ; et un de 9 et 10. Numérotez-le de

1 à 4. A la dernière pesée, comparez-les tous : 1 et 2, 1 et 3, 1 et 4, 2 et 3, 2 et 4, 3 et 4.

(2) En fait, 18 est le maximum. Avec 19, la première pesée laisse au moins 11 possibilités. La deuxième peut en laisser 5. La dernière peut donc en laisser 2.

Discussion : si cette solution présente une similarité superficielle avec le problème de l'entraîneur McGraw, elle exploite le fait qu'il existe plusieurs exemplaires d'étriers. Ce problème s'inspire de travaux de Leslie Valiant, qui a étudié comment trouver le minimum d'un ensemble non trié en parallèle. Les théorèmes sur les ensembles stables dans les graphes qu'il a utilisés viennent de l'ouvrage de Claude Bergé, *Graphes et hypergraphes,* Dunod, 1971.

CHAPITRE 4

1 ENTREPÔTS ET TONNEAUX

(1) La méthode de base exigerait trois phases. Comme chaque phase requiert quatre jours, l'opération entière prendrait douze jours.

La *première phase* se décompose en quatre temps :

1. Transporter les tonneaux de produits chimiques c1, c2, c3 et c4 de l'entrepôt *e*5 à l'entrepôt *e*1, et transporter les tonneaux de produits chimiques c5, c6, c7 et c8 de l'entrepôt *e*1 à l'entrepôt *e*5.
2. Faire de même pour les entrepôts *e*2 et *e*6.
3. Faire de même pour les entrepôts *e*3 et *e*7.
4. Faire de même pour les entrepôts *e*4 et *e*8.

La *deuxième phase* se décompose en quatre temps :

1. Échanger les tonneaux de produits chimiques c1, c1, c2 et c2 de l'entrepôt *e*3 avec les tonneaux c3, c3, c4 et c4 de l'entrepôt *e*1.

2. Faire l'échange des mêmes produits chimiques entre les entrepôts *e*2 et *e*4.

3. Échanger les tonneaux c5, c5, c6 et c6 de l'entrepôt *e*7 avec les tonneaux c7, c7, c8 et c8 de l'entrepôt *e*5.

4. Échanger les mêmes produits chimiques entre les entrepôts *e*6 et *e*8.

La *troisième phase* se décompose en quatre temps :

1. Échanger les quatre tonneaux du produit c2 de l'entrepôt *e*1 avec les quatre tonneaux de c1 de l'entrepôt *e*2.

2. Échanger les quatre tonneaux du produit c4 de l'entrepôt *e*3 avec les quatre tonneaux de c3 de l'entrepôt *e*4.

3. Échanger les quatre tonneaux du produit c6 de l'entrepôt *e*5 avec les quatre tonneaux c5 de l'entrepôt *e*6.

4. Échanger les quatre tonneaux de c8 de l'entrepôt *e*7 avec les quatre tonneaux du produit c7 de l'entrepôt *e*8.

(2) Chacune de ces phases peut être terminée en une journée en utilisant quatre camions.

(3) Au bout du premier jour, un entrepôt donné peut renfermer au mieux deux tonneaux de n'importe quel produit chimique. Donc, au bout de deux jours, un entrepôt (disons, l'entrepôt *e*1) ne peut procéder à un échange qu'avec un autre entrepôt contenant les deux tonneaux du produit chimique devant aller en *e*1. Donc, *e*1 ne peut contenir que quatre tonneaux de son produit chimique à la fin de la deuxième journée. Un jour supplémentaire est donc nécessaire pour terminer le transfert.

2 LA SOIRÉE

(1) Le plus petit chiffre possible est 6 (Figure 23). Trois ou moins de trois est impossible, puisque personne n'aurait pu alors serrer la main de trois autres invités. Quatre n'est pas possible, puisque si trois

avaient serré la main de trois autres, alors la quatrième personne aurait serré la main des trois autres aussi. Cinq n'est pas possible pour la même raison. Six est possible. Appelons ces six invités A, B, C, D, E et F. Voici les poignées de main possibles : A et B, B et C, C et D, D et E, E et F, A et C, A et E, et B et D.

(2) Non, il ne pourrait y avoir vingt et un invités à une telle soirée ; le nombre des invités ne peut être que pair. Chaque fois que deux personnes se serrent la main, chaque personne ajoute un au nombre de personnes à qui elle a serré la main. Le nombre total de poignées de main a donc augmenté de 2 (une par personne). Si les invités étaient vingt et un, le nombre total de poignées de main serait de 21 × 3 = 61. Mais c'est impossible.

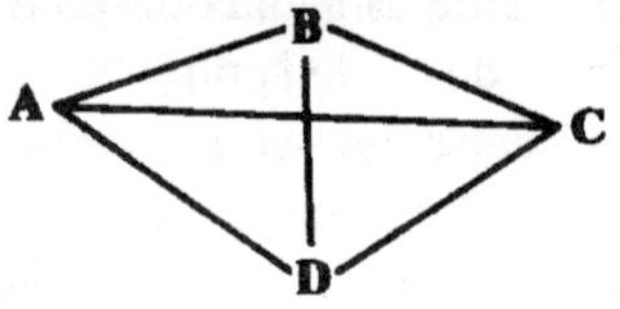

(a)

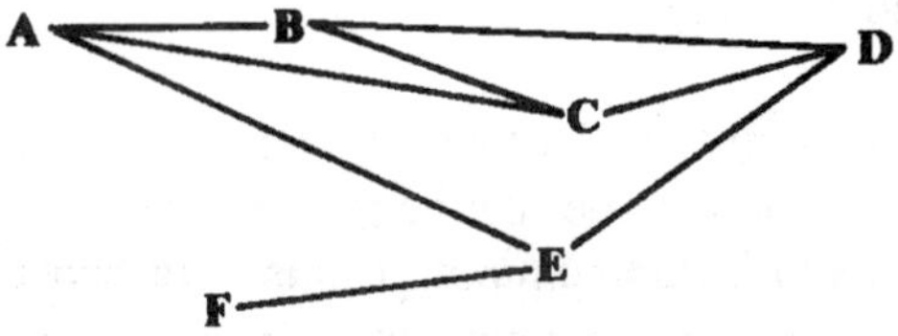

(b)

Figure 23 : Le plus petit nombre d'invités possible à ce genre de soirée. (a) Le nombre des invités doit être supérieur à quatre. Si A, B, et C serrent la main de trois autres personnes, c'est aussi le cas de D. (b) Il peut y avoir six invités.

(3) Oui, on peut dégager un schéma général. Tout nombre pair supérieur à six est possible. Aucun nombre impair ne convient. Il est facile de voir que six plus tout multiple de quatre marchera, puisque nous pourrions utiliser la solution de (1) pour montrer que six satisfait les propriétés et pose que chaque groupe supplémentaire de quatre

personnes n'a en fait serré la main qu'à des personnes de ce groupe. Pour voir si huit plus tout multiple de quatre marche, notez seulement que s'ils étaient huit, A, B, C, D, E, F, G et H, alors les couples suivants se seraient serré la main : A et B, B et C, C et D, D et E, E et F, F et G, G et H, A et C, A et E, B et G, D et F.

3 DÉCODAGE

(1) Il s'agit d'un simple code de substitution. C'est-à-dire que chaque caractère du texte codé se traduit par un caractère dans le texte normal. Pour décoder, il faut chercher les lettres qui apparaissent le plus souvent. Elles correspondent probablement aux lettres les plus courantes en français. Voici la traduction du message :

> Trouvez-vous à la fenêtre d'observation sud du World Trade Center à dix heures lundi matin. Braquez télescope sur Ellis Island. Cherchez bateau avec voile bleue. Dernier message codé sur pavillon du bateau.

(2) Achetez IBM.

4 INVENTION DE CODE

Voici le code présenté de sorte que vous puissiez voir qu'il n'y a jamais de doute quant à la lettre reçue.

D — point point (31)
G — point trait point (19)
A — point trait trait (10)
B — trait point (20)
E — trait trait point point (7)
F — trait trait point trait (4)
C — trait trait trait (9)

Avec ce code, la transmission du message moyen de 100 mots prend 186 secondes.

Discussion : ce problème s'inspire du code de Huffman qui est une technique pour trouver l'encodage pondéré minimum d'une série de mots en 1 et en 0. D. S. Parker décrit le code et ses prolongements modernes dans « Conditions for Optimality of the Huffman Algorithm », dans *SIAM, Journal of Computing,* vol. 9, n° 3, p. 470-489.

5 Défaillances d'engins spatiaux

(1) Deux unités au moins doivent être défaillantes. Puisque E et C s'accusent mutuellement d'être défaillantes, l'une d'elles doit l'être. Comme F accuse B d'être défaillante, l'une d'elles doit l'être. Comme B accuse A d'être défaillante, l'une d'elles doit l'être.

(2) Si nous savons que deux unités au plus sont défaillantes, il doit s'agir de B et de C. Pour le prouver, éliminons les autres possibilités.

Supposons que D et E soient défaillantes. Comme soit A, soit C est également défaillante, cela nous donne trois unités défaillantes, ce qui n'est pas possible.

Supposons que D ou E soit défaillante, mais pas les deux. Comme une seule est défaillante, F marche, si bien que B est également défaillante. Mais comme soit A, soit C est défaillante, cela voudrait dire que trois unités sont défaillantes, ce que nous considérons impossible.

Donc, ni D ni E n'est défaillante. Donc, C est défaillante, F fonctionne bien, et B est défaillante. B prétend que A est défaillante, mais on ne peut se fier à B.

Les unités défaillantes sont donc B et C.

6 Le tigre en fuite

(1) Voici la solution montrant la position des gardiens *g*1, *g*2 et *g*3 pendant sept intervalles de vingt minutes. Vous noterez qu'à aucun moment, la voie n'est libre pour permettre au tigre de gagner la sortie.

1. *g*1 à l'entrée ; *g*2 à C ; *g*3 dans l'une des salles auxquelles mène C.

2. g1 à l'entrée ; g2 dans l'autre salle dépendant de C ; g3 dans B.
3. g1 dans A ; g2 et g3 dans les deux salles auxquelles mène B.
4. g1 dans D ; g2 dans E ; g3 dans F.
5. g1 dans G ; g2 dans K ; g3 dans J.
6. g1 dans G ; g2 dans L ; g3 dans M.
7. g1 dans H ; g2 dans I ; g3 dans la salle à laquelle conduit M.

(2) C'est le temps le plus court possible puisque même si chaque gardien fouille une salle toutes les vingt minutes, il faudrait sept rondes pour couvrir les dix-neuf salles. En six rondes, on ne peut fouiller que $6 \times 3 = 18$ salles.

(3) Envoyer un gardien fouiller le temple dans sa totalité, pendant que les deux autres attendent dans l'entrée. Il devrait explorer chaque groupe de salles sur lesquelles s'ouvre l'entrée, un groupe à la fois. Avec cette méthode, ce gardien ne capturerait le tigre que par pur hasard, puisque l'animal peut s'enfuir de salle en salle. Toutefois, le gardien peut compter les salles de chaque groupe et en faire un plan.

Les gardiens s'occuperont du groupe comportant le plus de salles en dernier ; ils choisissent donc l'un des deux groupes les plus petits. Aucun des groupes plus petits ne peut comporter plus de huit salles. (Souvenez-vous qu'il y a dix-huit salles dans les trois groupes. Deux de ces trois groupes ont un nombre impair de portes. Deux groupes ne peuvent comporter neuf salles. Si le tigre se trouve dans l'un de ces deux petits groupes, deux gardiens peuvent le trouver.)

Voici comment. Sur le plan de la fouille, on trouve deux configurations différentes de huit salles (voir Figure 24). Dans la première configuration, un gardien fouille la seule salle en cul-de-sac à gauche de la figure. S'il ne trouve pas le tigre, les deux gardiens passent aux six salles restantes. Trouver le tigre dans ces six salles est plus facile pour deux gardiens que de trouver le tigre dans les huit salles disposées de la seconde manière.

Venons-en à la seconde configuration. Un gardien fouille une salle en cul-de-sac à droite, puis la salle la plus proche de l'autre gardien, puis l'autre salle en cul-de-sac de cet embranchement. Si ce gardien ne trouve pas le tigre, les deux gardiens entreprennent de fouiller les quatre salles restantes à gauche en procédant de la même manière.

Si le tigre ne se trouve pas dans ces petits groupes de salles, les trois gardiens entrent dans la première salle du troisième groupe. Mais maintenant le problème est de trouver un tigre dans seize salles. Une fois de plus, deux gardiens devraient commencer par explorer le plus petit groupe, qui peut ne comporter que sept salles. Les gardiens continuent à appliquer les mêmes stratégies pour fouiller de plus petits groupes de salles jusqu'à ce qu'ils trouvent le tigre.

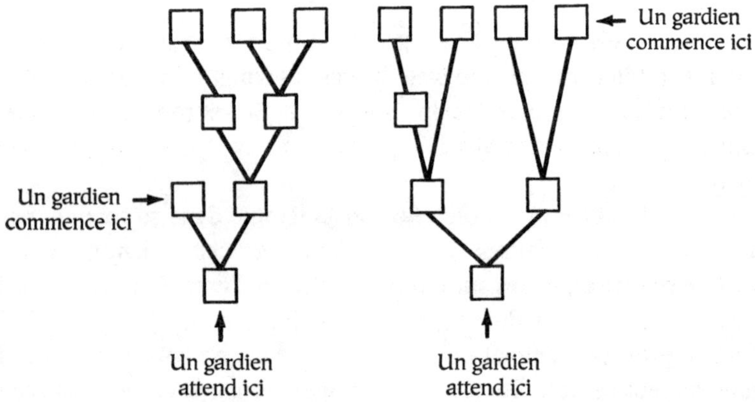

Figure 24 : Deux configurations fondamentalement différentes de huit salles à fouiller par deux gardiens.

CHAPITRE 5

1 SPÉCULATIONS

(1) Le maximum que le détenteur d'une option d'achat puisse recevoir d'un preneur d'options est un dollar. Payer plus pour ce privilège est le meilleur moyen de finir pauvre.

(2) Pour chaque option d'achat que vous vendez à cinquante-

cinq cents, vous achetez une once d'or et une option de vente à trente cents. Si le prix augmente d'un dollar, vous gagnez un dollar sur l'or et devez verser un dollar à l'acheteur de l'option d'achat. Vous faites ainsi un profit de vingt-cinq cents sur les options. Si le prix de l'or reste stable, vous obtenez également un profit de vingt-cinq cents. S'il baisse d'un dollar, votre profit sur l'option de vente et votre perte sur l'once d'or s'équilibrent encore. Vous obtenez encore un profit de vingt-cinq cents.

(3) Pour chaque option de vente vendue à cinquante-cinq cents, vendez une once d'or et achetez une option d'achat à trente cents. Vous obtenez encore un profit de vingt-cinq cents quoi qu'il arrive.

(4) Pour chaque paire d'options, vous recevez 1,10 dollar. Vous ne déboursez au plus qu'un dollar.

(5) Quiconque achète à la fois une option de vente et une option d'achat reçoit deux dollars de Noriaty neuf jours sur dix. Sur une période de dix jours, une personne achetant à la fois une option de vente et une option d'achat verserait douze dollars à Noriaty et en recevrait dix-huit dollars.

(6) Le seul prix sûr est un dollar. Toutefois, tant que Noriaty est dans la course, il vaut mieux fixer le prix à soixante et un cents. Stanley peut acheter une option de vente à Noriaty à soixante cents chaque fois qu'il en vend une. Il peut faire de même avec une option d'achat.

2 UNE HISTOIRE DE TRAINS

(1) Si vous ne trouvez pas, poursuivez votre lecture.

(2) C'est possible. L'équipe détache le wagon de marchandise n° 12 du reste du train. La locomotive s'engage dans la voie de garage avec les douze premiers wagons. Puis elle recule dans l'autre sens (la locomotive fait face à la nouvelle destination). La locomotive s'accroche

aux sept wagons restants (à ce moment-là, la locomotive est prise en sandwich entre deux wagons). La locomotive repart (vers son ancienne destination) et dépasse la voie de garage avec tous les wagons, puis s'engage dans la voie de garage, en poussant les sept wagons. La locomotive se décroche de ces sept wagons et repart à reculons avec les douze autres. La locomotive et les douze wagons initiaux dépassent la voie de garage, dans le sens de la nouvelle destination. La locomotive recule alors avec ces douze wagons dans la voie de garage pour qu'ils s'accrochent aux sept restés dans la voie de garage. Le train complet peut alors partir vers sa prochaine destination.

(3) Remarquez qu'il est nécessaire de faire autant d'accrochages et de décrochages, puisque chaque décrochage divise une partie du train en deux morceaux, que l'on doit alors réunir. Chaque accrochage ne réunit que deux morceaux. Démontrons qu'un accrochage ne suffit pas. Au départ, la locomotive est séparée de sa destination par dix-neuf wagons. On a trois possibilités.

1. La locomotive s'engage dans la voie de garage, et se décroche. Elle peut alors partir à reculons, auquel cas il reste encore six wagons entre la locomotive et sa prochaine destination.
2. La locomotive dépasse la voie de garage, puis s'y engage à reculons. Il y aurait encore six wagons entre la locomotive et sa prochaine destination.
3. La locomotive ne se sert pas de la voie de garage. Sans décrochage, il y aura toujours dix-neuf wagons entre elle et sa prochaine destination.

En aucun cas, accrocher les wagons restants ne serait une solution.

3 *I*DÉES VOLAGES

Oui, il est possible de livrer les paquets avec deux seules escales intermédiaires. Il faut prendre deux groupes de huit villes au milieu du pays. On numérote ensuite les villes de 1 à 8 du sud au nord.

Le train arrive à proximité de la mine :

Il se détache :

La moitié de tête s'engage dans la voie de garage
et en ressort en reculant :

La moitié de tête s'accroche à la moitié de queue :

Le train recule :

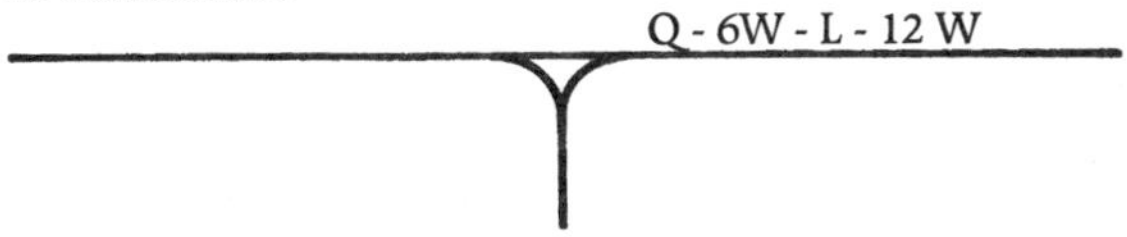

La moitié de queue est poussée dans la voie de garage
et se décroche :

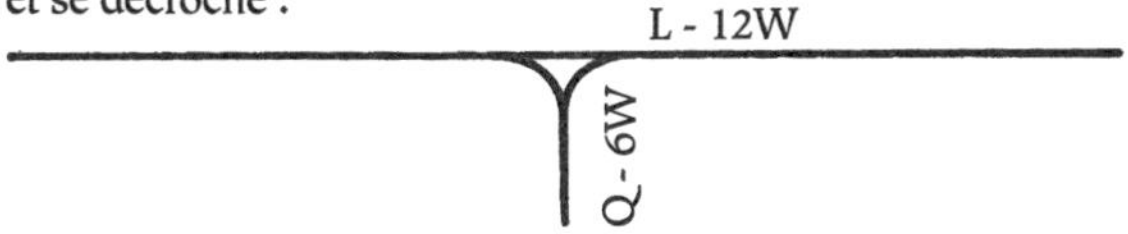

La moitié de tête avance, recule dans la voie de garage,
et se raccroche à la moitié de queue :

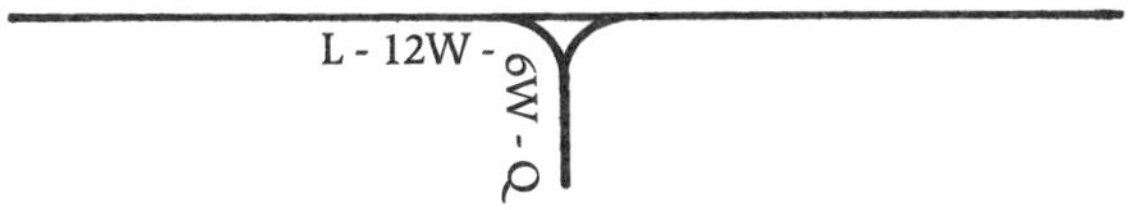

Figure 25 : Solution de l'histoire de trains.

Voir Figure 26. Les deux vols à partir de chaque aéroport de la côte Ouest divisent les paquets entre ceux qui vont vers la moitié nord des villes de la côte Est et ceux qui vont vers la moitié sud.

Les vols partant des deuxième et troisième aéroports peaufinent ces divisions. Le diagramme montre que tout paquet issu de toute ville de départ peut arriver dans n'importe quelle ville.

Discussion : la solution est le diagramme connu sous le nom de réseau en papillon. Il s'agit de l'un des réseaux qui résoudraient le problème, connus sous le nom de « réseaux de Banyan ». Voir Jeffrey Ullman, *Computational Aspects of VLSI,* Rockville, MD, Computer Science Press.

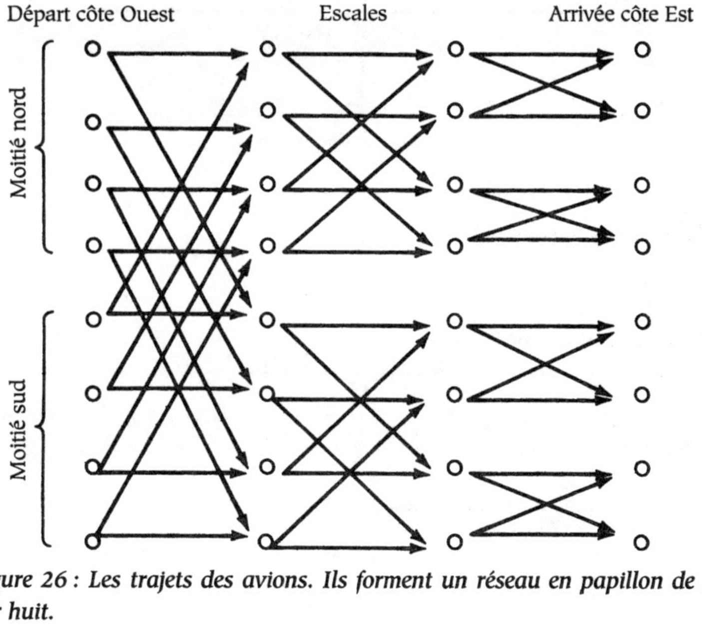

Figure 26 : Les trajets des avions. Ils forment un réseau en papillon de huit sur huit.

4 LE PROBLÈME DU ROND-POINT

La solution est de construire cinq ronds-points dont quatre à l'extérieur et un au centre. Chacun des ronds-points extérieurs reçoit trois des douze routes. Le rond-point central est relié à chacun des ronds-points extérieurs par une seule route. Le facteur de risque est au pire de 9 (voir Figure 27).

Figure 27 : La solution est de construire cinq ronds-points reliés.

5 PROBLÈME DE CONTRAT

Les avocats définissent le protocole suivant. Si au moins une partie le respecte, les avocats seront en mesure de remplir les cinq conditions.

Amalgamated code chacun de ses messages en clair *m* comme suit. Amalgamated commence par coder *m* à l'aide de la clé de codage publique de Behemoth E_b, ce qui donne $E_b(m)$. Amalgamated utilise alors D_a sur le résultat, ce qui donne $D_a(E_b(m))$. À ce moment-là, Behemoth serait capable de reconstituer le texte en clair *m* et il aurait la signature d'Amalgamated. Amalgamated utilise alors la clé de codage connue des avocats E_z pour obtenir $E_z(D_a(E_b(m)))$. Amalgamated envoie cela sur les lignes publiques. Ni l'avocat ni Behemoth ne peuvent le déchiffrer à ce point.

L'avocat récupère alors le message codé et applique D_z, ce qui donne $D_a(E_b(m))$. L'avocat envoie alors la clé connue d'Amalgamated deux fois, ce qui donne $E_a(E_a(D_a(E_b(m)))) = E_a(E_b(m))$.

Behemoth utilise une procédure symétrique, en envoyant $E_z(D_b(E_a(m)))$. L'avocat applique D_z, ce qui donne $D_a(E_b(m))$. Ensuite l'avocat envoie E_b deux fois, ce qui donne $E_b(E_b(D_b(E_a m)))) = E_b(E_a(m))$.

Les deux résultats ne seront égaux que si et seulement si les deux parties partent d'un même texte en clair *m* et y apposent leur signature. Toutefois, les avocats ignorent la teneur de ce texte en clair. Pour clôre la transaction, les avocats envoient $D_b(E_a(m))$ à Amalgamated et $D_a(E_b(m))$ à Behemoth.

Discussion : les codes et les ordinateurs entretiennent depuis longtemps un rapport intime. Alan Turing, le père de l'informatique moderne, avait conçu un ordinateur pour déchiffrer le code allemand Enigma. Voir deux articles parus dans *Communications of the Association for Computing Machinery :* D. K. Gifford, « Cryptographic Sealing for Information Secrecy and Authentification », vol. 25, n° 4, avril 1982, p. 274-286 ; D. E. Denning, « Digital Signatures with RSA and Other Public-Key Cryptosystems », vol. 27, n° 4, avril 1984, p. 388-392.

6 Commande et contrôle

(1) Numérotons les postes de contrôle de 1 à 15, 1 étant le poste de commandement. X vers Y veut dire que X peut transmettre à Y.

Voici les liaisons (voir Figure 28) :

1 → 2, 2 → 3, 3 → 4, 3 → 12, 1 → 5, 5 → 6, 6 → 7, 6 → 8, 5 → 9, 9 → 10, 9 → 11, 2 → 13, 13 → 14, et 13 → 15.

(2) 1 → 2, 2 → 3, 3 → 4, 3 → 12, 1 → 5, 5 → 6, 6 → 7, 6 → 8, 5 → 9, 9 → 10, 9 → 11, 2 → 13, 13 → 14, 13 → 15, 4 → 7, 7 → 4, 12 → 8, 8 → 12, 14 → 10, 10 → 14, 15 → 11, 11 → 15, 4 → 1, 12 → 9, 14 → 5, 15 → 6, 7 → 13, 8 → 2, 10 → 3, et 11 → 1.

(3) Non, trente est le minimum possible. Avec trente unités, chaque poste de contrôle reçoit des messages de deux autres. Avec moins, un poste de contrôle P ne recevra de messages que d'un autre poste de contrôle P'. Si P' est hors d'état de marche, P ne reçoit alors de message de personne.

7 MAUVAIS NUMÉRO

(1) Tout numéro distinctif diffère par deux chiffres. Tout numéro se compose de chiffres différents. L'inversion de l'un d'entre eux ne peut donc qu'atteindre un numéro non attribué.

(2) De nombreuses solutions sont possibles. En voici une. Étant donné un numéro à cinq chiffres *vwxyz*, déterminer le sixième chiffre, q, de sorte que la formule $q + 2z + y + 2x + w + 2v$ soit divisible par 10. Par exemple, mettons que le numéro soit 42785, la formule $q + 10 + 8 + 14 + 2 + 8 = q + 42$. Pour obtenir une somme divisible par 10, la valeur de q doit être 8.

Pour comprendre pourquoi cela marche, imaginez une inversion de *vwxyzq*. Disons que les chiffres inversés sont d et d'. La somme doit donc être différente de $[d' - d]$. Comme cette différence ne sera divisible par 10 que si $d' = d$ (auquel cas l'inversion ne prête pas à conséquence), la formule ne sera pas non plus divisible par 10, ce qui est l'indice d'un numéro non attribué.

8 FAUSSE MONNAIE

Voici comment calculer le poids de quatre pièces en trois pesées. On pourra ainsi peser la totalité des 20 pièces en 15 pesées. Appelons les 4 pièces A, B, C et D. Commençons par peser A, B et C. Si les trois sont fausses, elles pèseront entre 31,8 et 32,1 grammes. S'il y en a deux fausses et une bonne, le poids se situera entre 32,2 et 32,5. S'il y en a une fausse et deux bonnes, il se situera entre 32,6 et 32,9. Si toutes les trois sont bonnes, leur poids se situera entre 33 et 33,3 grammes. L'important est que vous puissiez distinguer les quatre possibilités. Si les trois sont bonnes ou fausses, il suffit alors de peser D, et l'opération sera terminée en deux pesées.

Sinon, pesez A et D. Ensuite, pesez B et D. Chacune de ses pesées vous dira si les deux pièces sont fausses toutes les deux (21,2 à 21,4 g), si une est fausse et l'autre est bonne (21,6 à 21,8) ou si les deux sont bonnes (22 à 22,2).

Si l'une ou l'autre paire est constituée de deux bonnes ou de deux fausses pièces, il est facile de déterminer tous les poids. Par

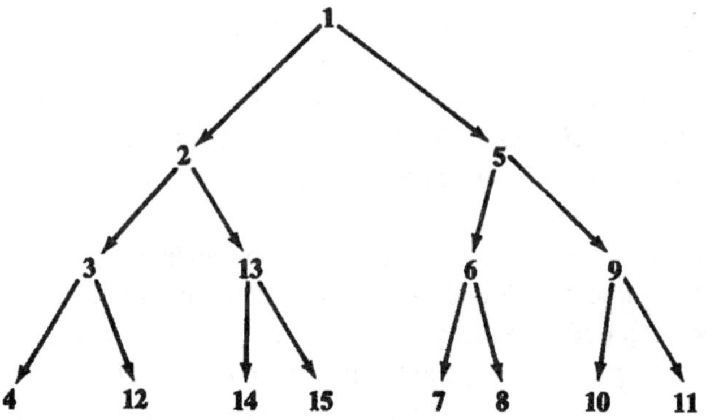

(a)

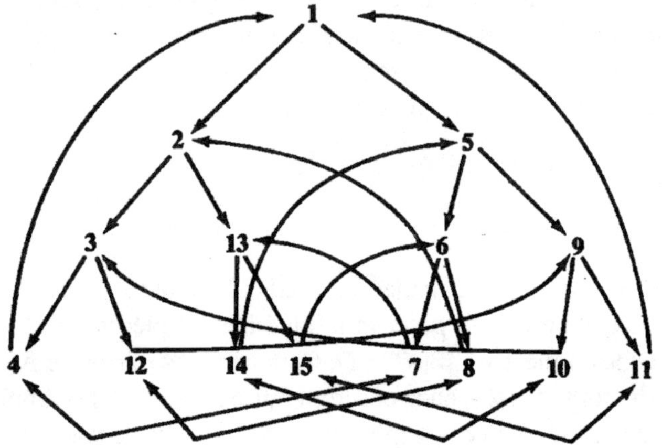

(b)

Figure 28 : La solution de l'énigme commande et contrôle. (a) La solution du professeur selon laquelle le poste de commandement ne reçoit rien des autres postes. (b) La solution d'Ecco tolère la défaillance d'un poste de contrôle. Les connexions entre des paires de postes de contrôle sont à double sens : chaque poste a un émetteur de même qu'un récepteur dirigés vers l'autre poste de la paire.

exemple, supposons que B et D soient bonnes. Alors si entre A et D, il y a une fausse pièce, il s'agit de A. Si A, B et C comprennent deux pièces fausses, C est également une pièce fausse.

Sinon, A et D comprennent une bonne pièce et une pièce fausse, comme B et D. On a deux possibilités. Si A, B et C comprennent deux bonnes pièces, alors D doit être fausse, et A et B doivent être bonnes. Si A, B et C comprennent deux pièces fausses, alors D doit être bonne, A et B doivent être fausses.

CHAPITRE 6

1 COORDINATION DE CONNAISSANCE I

(1) L'échange d'accusés de réception sera infini. Les deux généraux n'attaqueront jamais. Voici une explication. Au départ, A connaît un fait que B ne connaît pas, et B n'attaquera que s'il le connaît.

Supposez qu'à un moment ou à un autre, l'un des deux généraux, appelons-le le général X, sache une chose que l'autre, appelons-le général Y, doit savoir pour attaquer. X envoie donc un pigeon voyageur. Même si Y reçoit le message, X ne peut pas attaquer, parce qu'il ne sait pas si Y a bien reçu le message. Cela signifie que Y sait une chose, à savoir qu'il a reçu le dernier message en date de X, chose que X doit savoir pour pouvoir attaquer. Le processus est le même en inversant les rôles de X et Y.

(2) Un vol de pigeon voyageur suffit. Quand le pigeon va de A à B, les éclaireurs allument le signal. A ce moment-là, A sait que B sait que A a l'intention d'attaquer, et B sait que A sait que B sait que A a l'intention d'attaquer, etc. Ce niveau de savoir et de métasavoir est ce que les chercheurs en sont venus à appeler « savoir partagé ».

Discussion : les systèmes de traitement réparti se sont accompagnés d'une multitude de travaux en logique de la connaissance. J. Halpern et Y. Moses ont fait figure de pionniers dans une branche de cette recherche avec leur article « Knowledge and Common Knowledge in a Distributed Environement », *Association for Computing Machinery*, Actes du Symposium sur les principes du traitement réparti, Vancouver, Canada (août 1984), p. 50-61.

2 Coordination de connaissance II

Trois logiciens ont un X sur le dos. Dans l'ordre alphabétique, il s'agit du premier, du septième et du dixième.

Voici une preuve. Le dixième logicien arrive à comprendre qu'il a un X à la première phase. Aucun logicien avant le dixième n'avait de base pour se décider. Le dixième sait que le septième et le troisième ont un X mais qu'ils ne le savent pas encore. Il tient le raisonnement suivant.

Si le septième était le dernier à avoir un X, il aurait été capable de se prononcer en se servant du raisonnement suivant : le logicien 1 n'a pas décidé, donc il doit voir un autre X. Comme je ne vois pas d'autres X à part le sien, je dois donc en avoir un dans le dos.

Comme le septième n'a pas décidé, le dixième conclut que l'un des logiciens entre le huitième et le treizième doit avoir un X sur le dos. Comme le dixième n'en voit pas d'autre avec un X sur le dos, il conclut qu'il doit être celui qui l'a. Le dixième logicien dit donc : « J'ai un X sur le dos et il y en a au moins un autre dans mon cas, mais il ne l'a pas encore déduit. » Les logiciens 11, 12 et 13 reprennent le raisonnement du logicien 10. Ils décident qu'ils n'ont pas de X.

Au deuxième tour, aucun des six premiers logiciens ne peut se prononcer. Mais le septième ne voit que le logicien 1 avec un X sur le dos, si bien qu'il annonce : « J'ai un X sur le dos et il y en a au moins un autre dans le même cas, mais il ne l'a pas encore compris. » Le logicien 7 est donc celui qui décide dans la phase 2 et affirme l'existence d'au moins un autre X, comme l'exige le problème. Le huitième et le neuvième peuvent se prononcer en phase deux en reprenant le raisonnement du logicien 7.

Le logicien 1 décide à la phase 3, puisqu'il ne voit aucun autre

X parmi ceux qui ne se sont pas décidés. Il annonce qu'il n'y en a pas d'autre. Les cinq derniers logiciens, 2 à 6, décident qu'ils n'ont pas de X sur le dos.

Notez que si l'un des six logiciens qui ne se sont pas prononcés avait un X à la place du logicien 1, il faudrait une phase supplémentaire. Comme il n'y en a que trois, nous savons que le logicien 1 a un X sur le dos.

3 LE PROBLÈME DU MESSAGER

(1) Voici une solution possible :

Le messager 1 prend A et B.
Le messager 2 prend B et C.
Le messager 3 prend C et D.
Le messager 4 prend D et E.
Le messager 5 prend E et A.
Le messager 6 prend A et B.
Le messager 7 prend C et D.
Le messager 8 prend E.

Cela marche parce que deux messagers n'ont jamais les cinq éléments entre eux, si bien que l'ennemi ne peut pas reconstituer le code. En outre, chaque élément X est transporté par trois messagers, si bien que l'un des six qui arrivera à destination détiendra X.

(2) Cette solution ne nécessite que sept messagers :

Le messager 1 prend A, B et C.
Le messager 2 prend C et D.
Le messager 3 prend C et D.
Le messager 4 prend B et D.
Le messager 5 prend B et E.
Le messager 6 prend A et E.
Le messager 7 prend A et E.

Cela marche parce que chaque élément est détenu par trois

messagers et que deux messagers ne transportent pas l'ensemble des cinq éléments à eux deux.

(3) Si chaque messager ne transporte que deux éléments, alors la limite inférieure proposée par le savant des services secrets montre qu'il doit y avoir au moins huit messagers. En outre, si tout messager transporte quatre éléments, cela veut dire qu'un autre transporte le cinquième, mais alors à eux deux, ils transporteraient la totalité de l'information. Donc, dans toute solution n'utilisant que six messagers, au moins un doit transporter trois éléments, disons A, B et C. Au moins trois messagers doivent transporter D et au moins trois doivent transporter E pour permettre à notre agent de reconstituer le code. Toutefois, aucun messager ne peut transporter les deux. Donc, les trois messagers transportant D ne peuvent pas être les mêmes que ceux qui transportent E. Il doit donc y avoir au moins 1 + 3 + 3 messagers ; c'est-à-dire 7.

(4) Utilisez 10 éléments A, B, C, D, E, F, G, H I, et J, répartis comme suit entre cinq messagers :

Le messager 1 prend A, B, C, D, E, F.
Le messager 2 prend A, B, C, G, H, I.
Le messager 3 prend A, D, E, H, I, J.
Le messager 4 prend B, E, F, G, I, J.
Le messager 5 prend C, D, F, G, H, J.

Pour voir si c'est exact, notez qu'aucun ne transporte la totalité de G, H, I et J, si bien qu'aucun ne complète le paquet transporté par le messager 1. En outre, entre les messagers 2 et 5, il n'y en a pas deux pour transporter tout de A à F.

4 Travaux routiers

(1) Mettre les rues en sens unique allonge les trajets de deux rues au moins dans certains cas. Pour que l'on puisse se rendre d'un point à un autre, il doit y avoir une rue en sens unique vers la place et une autre partant de la place. Elles doivent effectivement alterner si

des points voisins, par exemple, C et D, doivent se trouver à deux rues seulement l'un de l'autre.

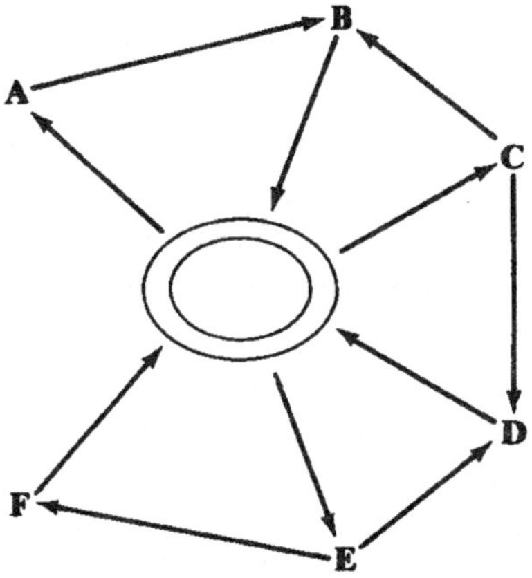

Figure 29 : Une solution pour l'énigme des rues.

Imaginez un trajet d'un point X à l'extrémité d'une rue en sens unique partant de la place à un point Y situé à l'extrémité d'une rue à sens unique allant vers la place. Pour aller de X à la place, il faut emprunter deux rues. Pour aller de la place à Y, il faut emprunter deux rues, ce qui fait un total de quatre rues. A l'heure actuelle, on pourrait aller de X à la place, puis se rendre à Y, ce qui fait un total de deux rues. A condition que X et Y soient au moins distants de quatre rues, il n'y a pas moyen de faire mieux.

(2) La Figure 29 montre un plan qui n'allonge aucun trajet de plus d'un facteur de 2. Les rues à sens unique sont les suivantes : place → A, A → B, B → place, place → C, C → B, C → D, D → place, place → E, E → D, E → F, et F → place.

Vous remarquerez qu'allonger les trajets de pas plus d'un facteur de deux n'est pas simple. Ce n'est pas possible si toutes les rues situées sur la circonférence vont dans le même sens. Par exemple, supposons que nous installions les pancartes de sens unique comme suit : A → B, B → C, C → D, D → E, et E → F sur la circonférence. Supposons ensuite que nous ayons place → A, B → place, place → C, D → place, place → E, et F → place. Pour faire le trajet de C à B, il faudrait aller à D, puis à place, puis à A, pour arriver à B.

5 *R*OUTES DE CAMPAGNE

(1) Comme toutes les routes sont de la même longueur, les routes reliant A, B, et C, C, B et D, et C, D et E forment des triangles équilatéraux. Comme A et D sont distants de cent soixante-dix kilomètres, les triangles ABC et DBC sont des reflets l'un de l'autre, avec BC comme axe de symétrie. De même, BCD et ECD sont des reflets l'un de l'autre, avec CD comme axe de symétrie. EC et CA sont donc colinéaires. A et E sont donc distants de deux cents kilomètres. La terre est, à ces distances, proche des repères euclidiens.

(2) Il est nécessaire de construire au moins une route. Quatre cas sont possibles, comme le montre la liste suivante : (on représente une route de X à Y en écrivant X → Y

1. B → C et D → C. Si D → B, alors il n'y a pas moyen d'aller de B à D par deux routes. Si B → D, alors il n'y a pas moyen d'aller de D à B par deux routes.
2. C → B et C → D. Même problème que dans le cas 1.
3. B → C et C → D. A cause de B → C, B → A est impossible, puisque il n'y aurait pas moyen d'aller de A à B par deux routes. Donc, A → B et C → A. De même, C → D implique que D → E et E → C doivent être possibles. Mais à présent, il n'y a pas moyen d'aller de A à E sans emprunter quatre routes, à moins que B → D soit possible. Mais alors il n'y a pas moyen d'aller de D à B sans emprunter moins de quatre routes.
4. C → B et D → C. Comme la figure est symétrique par rapport à la perpendiculaire bissectrice de C à DB, un argument très semblable montrera que ce cas ne marche pas non plus.

(3) Il suffit de construire une route de cent kilomètres. Il faut simplement construire une route parallèle à celle qui va de B à D. Ensuite, une solution est de flécher les routes comme suit : A → B, B → D, D → B, D → E, E → C, C → A, C → D, B → C.

6 TRACÉ DU MÉTRO

(1) Une des meilleures solutions est d'utiliser les routes entre 1 et 4, 2 et 5, 3 et 7, 4 et 5, 5 et 7, 5 et 8, et 6 et 8. Cela coûterait soixante-douze milliards de pesos.

(2) Classez les routes de la moins chère à la plus chère. Les premières figurent sur le tableau ci-dessous.

Les 12 premières routes les moins chères

Point	Point	Coût	Point	Point	Coût
5	8	9	4	5	11
1	4	10	6	8	11
3	7	10	3	8	12
5	7	10	2	6	13
2	5	11	3	5	13
2	7	11	4	6	13

Ensuite prenez chaque route et voyez si elle relie deux points qui ne sont pas encore connectés. La première relie 5 et 8. Comme il n'y a pas de routes pour celle-ci, incluez-la. De même, incluez les routes entre 1 et 4, 3 et 7, 5 et 7, et 2 et 5. Maintenant vous arrivez à la route entre 2 et 7. Comme les routes que nous avons déjà incluent une route entre 2 et 5 et 5 et 7, nous n'avons pas besoin de celle-ci. Toutefois, nous inclurons les routes entre 4 et 5 et 6 et 8. Tout y est. Chaque fois que nous avons ajouté une route, nous nous sommes assurés qu'il n'y a pas de moyen meilleur marché de relier deux points non connectés, de sorte que cette méthode garantit qu'elle sera le meilleur marché.

Les routes choisies par Ecco pour garantir des durées de trajet inférieures ou égales à 5 minutes de et vers la station 1

Point	Point	Coût	Durée
1	4	10	2
1	8	14	2
4	6	13	2
3	4	14	1
7	8	15	3
2	8	16	2
5	8	9	1

(3) Le tableau ci-dessus montre la solution d'Ecco. Remarquez qu'il est possible d'aller du point 1 à n'importe quel autre en cinq minutes ou moins.

Discussion : ces solutions s'inspirent de l'arbre couvrant minimum et d'algorithmes du plus court chemin. Voir Al Aho, John Hopcroft et Jeff Ullman, *Data Structures and Algorithms*, Reading, MA, Addison-Wesley.

CHAPITRE 7

1 LE KIDNAPPEUR FOU D'ÉNIGMES

(1) Si vous connaissez le système binaire, songez à la représentation binaire. Chaque *bit* est une pièce. Si ce n'est pas le cas, observez la suite. Tout nombre entre 1 et 2000 peut être représenté comme la somme de 11 nombres, chacun d'entre eux ne pouvant prendre que deux valeurs. Le premier nombre est soit 1028, soit 0. Le deuxième,

soit 512, soit 0. Le troisième, soit 256, soit 0. Le quatrième, soit 128, soit 0. Le cinquième, soit 64, soit 0. Le sixième, soit 32, soit 0. Le septième, soit 16, soit 0. Le huitième, soit 8, soit 0. Le neuvième, soit 4, soit 0. Le dixième, soit 2, soit 0. Le onzième, soit 1, soit 0. Sans mensonge, les questions peuvent se présenter comme suit. Le nombre est-il 1028 ou supérieur à 1028 ? Le nombre se situe-t-il entre 512 et 1027, ou entre 1540 et 2000 ? Elles continuent ainsi, en devenant de plus en plus compliquées. Mais la dernière est on ne peut plus simple : s'agit-il d'un nombre pair ?

(2) On peut résoudre le problème des pièces en 33 questions en posant trois questions pour chaque pièce et en conservant la valeur majoritaire.

(3) Pour résoudre le problème en 23 questions quand chaque question obtient une réponse immédiate : posez deux questions à propos de la première pièce ; si elles sont cohérentes, posez deux questions à propos de la deuxième, etc. Chaque fois que deux réponses présentent une incohérence, posez une troisième question et retenez la réponse majoritaire. Cela peut exiger 10 séries de deux questions et une série de trois questions.

(4) Pour résoudre l'énigme des pièces en 15 questions en sachant que l'interlocuteur n'y répondra qu'à la fin, il faut les poser dans l'ordre suivant.

1. La première pièce est-elle face ?
2. La deuxième pièce est-elle face ?

Et ainsi de suite jusqu'à la onzième :

11. La onzième pièce est-elle face ?
12. Avez-vous dit la vérité pour les pièces de 1 à 7 ? (De même, vous pourriez aussi demander si on a un nombre impair de faces pour les pièces de 1 à 7. Si la réponse est cohérente avec les réponses données aux sept premières questions, alors la réponse à 12 est oui, sinon, c'est non.)
13. Avez-vous dit la vérité dans vos dix premières réponses à propos des pièces de 1 à 4 et à propos des pièces 8, 9 et 10 ?

14. Avez-vous dit la vérité dans vos onze premières réponses à propos des pièces 1, 2, 5, 6, 8, 9 et 11 ?
15. Avez-vous dit la vérité dans vos 11 réponses à propos des pièces 1, 3, 5, 7, 8, 10, 11 ?

Référez-vous au tableau pour décider laquelle des 15 réponses, s'il y a lieu, était un mensonge. Ce tableau reprend la réponse apportée à chaque question et donne la conclusion qui est alors possible. Tout « oui » aux quatre dernières questions confirme l'orientation des pièces auxquelles se réfèrent les questions. Si aucune ou seulement une des quatre dernières questions a appelé un « non » comme réponse, alors les 11 premières réponses sont bonnes et le « non » est un mensonge.

Discussion : dans son excellent livre *The Adventures of a Mathematician* (New York, Charles Scribner and Sons), S. M. Ulam propose un problème analogue, défiant ses lecteurs de le résoudre. Félicitations.

Comment découvrir le mensonge dans les onze premières réponses de Baskerhound

Réponse à la question 12	Réponse à la question 13	Réponse à la question 14	Réponse à la question 15	Réponses fausses
oui	oui	oui	oui	aucune
oui	oui	oui	non	quinze
oui	oui	non	oui	quatorze
oui	oui	non	non	onze
oui	non	oui	oui	treize
oui	non	oui	non	dix
oui	non	non	oui	neuf
oui	non	non	non	huit
non	oui	oui	oui	douze
non	oui	oui	non	sept
non	oui	non	oui	six
non	oui	non	non	cinq
non	non	oui	oui	quatre
non	non	oui	non	trois
non	non	non	oui	deux
non	non	non	non	une

2 MYSTÈRE

Voici les messages décodés. Evangeline pense qu'il y a un indice dans la structure du code.

Vous êtes un malin, n'est-ce pas ?

Avons besoin de votre aide, seul.

Tout le monde sait que nous sommes adversaires. En vérité, nous sommes amis. Nous vous retrouverons, docteur Ecco.

Table des matières

Remerciements 6
Préface 7

Les Aventures

Introduction 9

CHAPITRE 1
Excentriques 15

1 La minorité l'emporte (B) 17
2 La tour de Lego (A) 22
3 Le problème des portes impaires (B) 25
4 Le dilemme de l'entraîneur (C) 27
5 Flux maximum (A) 30
6 Chemins critiques (A) 33

CHAPITRE 2
Premiers espions 39

1 Espions et connaissances (B) 41
2 Espions et agents doubles (A) 43
3 Montage de fusées (B) 46
4 Forage offshore (B) 48

CHAPITRE 3

Experts 51

1 Le problème des campeurs (D) 53
2 Cailloux et persuasion (B) 58
3 Le problème de l'architecte (C) 60
4 Circuits de contrôle (D) 63
5 Défenseurs bavards (B) 66
6 Équilibres précaires (C) 68

CHAPITRE 4

Pollueurs, prétendants et tigres 71

1 Entrepôts et tonneaux (B) 73
2 La soirée (C) 75
3 Décodage (C) 77
4 Invention de code (C) 79
5 Défaillances d'engins spaciaux (B) 82
6 Le tigre en fuite (C) 84

CHAPITRE 5

Industriels et généraux 89

1 Spéculations (B) 91
2 Une histoire de trains (B) 95
3 Idées volages (C) 98
4 Le problème du rond-point (B) 102
5 Problème de contrat (C) 104
6 Commande et contrôle (C) 107
7 Mauvais numéro (C) 110
8 Fausse monnaie (D) 112

CHAPITRE 6

Gloire 113

1 Coordination de connaissance I (B) 115
2 Coordination de connaissance II (C) 117
3 Le problème du messager (C) 119

4 Travaux routiers (B) 123
5 Routes de campagne (B) 126
6 Tracé de métro (B) 128

CHAPITRE 7
Disparu 133

1 Le kidnappeur fou d'énigmes (D) 135
2 Mystère (C) 138

Solutions des énigmes 143

CET OUVRAGE A ÉTÉ REPRODUIT
ET ACHEVÉ D'IMPRIMER SUR ROTO-PAGE
PAR L'IMPRIMERIE FLOCH À MAYENNE
EN FÉVRIER 1996

N° d'impression : 39098
N° d'édition : 7381-0315-2
Dépôt légal : mai 1995
Imprimé en France